T0222199

Zerstörungsfreie Werkstoffprüfung –
Eindringprüfung

Karlheinz Schiebold

Zerstörungsfreie Werkstoffprüfung – Eindringprüfung

Ein Lehr- und Arbeitsbuch für Ausbildung und Prüfpraxis

1. Auflage
mit 122 Bildern und 35 Tabellen

Autor
Prof. Dr.-Ing. **Karlheinz Schiebold**

Vormals Gründer und Gesellschafter der
LVQ-WP Werkstoffprüfung GmbH, Mülheim an der Ruhr,
LVQ-WP Werkstoffprüfung GmbH, Magdeburg,
LVQ-WP Werkstoffprüfung GmbH, Bremen,
LVQ-WP Prüflabor GmbH, Magdeburg,
LVQ-WP Werkstoffprüfung GmbH & Co.KG, Magdeburg.

ISBN 978-3-662-43808-4   ISBN 978-3-662-43809-1 (eBook)
DOI 10.1007/978-3-662-43809-1

Die Deutsche Nationalbibliothek verzeichnet diese Publikation in der Deutschen Nationalbibliografie;
detaillierte bibliografische Daten sind im Internet über http://dnb.d-nb.de abrufbar.

Springer Vieweg
© Springer-Verlag Berlin Heidelberg 2014

Gedruckt auf säurefreiem und chlorfrei gebleichtem Papier

Springer Vieweg ist eine Marke von Springer DE. Springer DE ist Teil der Fachverlagsgruppe Springer
Science+Business Media.

www.springer-vieweg.de

Dem Andenken meines Vaters
Prof. Dr.-phil. ERNST SCHIEBOLD
(1894 – 1963)
In dankbarer Verehrung gewidmet
Karlheinz Schiebold

Vorwort

Die Fachliteratur für die Eindringprüfung weist nach dem grundlegenden Werk von Mc Master [1.1] gegenwärtig noch kein explizites Lehrbuch auf. Deutsch und Wagner [1.2] haben 1999 die Prüfung auf Oberflächenrisse nach dem Eindringverfahren in komprimierter Form beschrieben und weiterhin wird die Eindringprüfung im Zusammenhang mit anderen zerstörungsfreien Verfahren in der Literatur und insbesondere in den Normen und Regelwerken angeführt. Da sich in der Zwischenzeit in der Technik viele neue Anwendungsgebiete erschlossen haben, erscheint es dem Autor doch zweckmäßig, die Eindringprüfung in einem Lehr- und Arbeitsbuch in komplexer Form darzustellen.

Das Buch soll insbesondere seinem Vater, Prof. Dr.-phil. Ernst Schiebold gewidmet sein, einem Pionier der Zerstörungsfreien Werkstoffprüfung, dessen Aktivitäten zur Entwicklung der Werkstofftechnik Anfang der 30er Jahre des 20. Jahrhunderts erstmals an die Öffentlichkeit kamen und der aus seiner Zeit in der damaligen Kaiser-Wilhelm-Gesellschaft auch zur Entstehung der Gesellschaft zur Förderung Zerstörungsfreier Prüfverfahren und damit zur Gründung der Deutschen Gesellschaft für Zerstörungsfreie Prüfung (DGZfP) beigetragen hat. Später war er als Direktor des Amtes für Material- und Warenprüfung (DAMW) in Magdeburg tätig.

Von 1953 bis 1963 hat Prof. Ernst Schiebold als ordentlicher Professor und Direktor des Instituts für Werkstoffkunde und Werkstoffprüfung an der Technischen Hochschule Magdeburg (heute Otto-von-Guericke Universität) in kurzer Zeit eine über die Landesgrenzen hinaus bekannte wissenschaftliche Schule mit dem Schwerpunkt Zerstörungsfreie Prüfung aufgebaut. Aus ihr ging auch der Autor dieses Buches hervor, der 1963 sein Studium der Werkstoffkunde und -prüfung abgeschlossen hat. Da zum damaligen Zeitpunkt keine Planstelle am Institut frei war, ging er in die Industrie und begann sein erstes Arbeitsleben im damaligen VEB Schwermaschinenbau Kombinat Ernst Thälmann Magdeburg (später SKET SMS GmbH), wo er in der komplexen Werkstoffprüfung über 28 Jahre tätig war.

Dort begann die Laufbahn von Karlheinz Schiebold als Gruppenleiter und später als Abteilungsleiter für die Zerstörungsfreie (ZfP) und Zerstörende (ZP) Werkstoffprüfung. Aufgrund der im SKET doch außerordentlich umfassend vorhandenen Metallurgie mit einem Stahlwerk, drei Eisengiessereien, zwei Stahlgiessereien, einer Großschmiede, zwei Stahlbaubetrieben und zahlreichen Maschinenbaubetrieben war ein umfangreiches Betätigungsfeld gegeben. Die Werkstoffprüfung gewann über die Jahre eine immer größere Bedeutung für die Untersuchung metallurgischer Produkte und vermittelte für ihn dadurch unschätzbare Erfahrungswerte. Schiebold war insgesamt 25 Jahre mit seinen Prüfern in den Betrieben unterwegs und bearbeitete zudem Forschungs- und Entwicklungsthemen für die Metallurgie.

Aus diesen Erfahrungswerten konnte er nach der Wende in seinem zweiten Arbeitsleben im aus der Lehr- und Versuchsgesellschaft für Qualität (LVQ GmbH) in Mülheim ausgegründeten eigenen Unternehmen LVQ-WP Werkstoffprüfung GmbH und im Magdeburger von der Treuhand erworbenen Unternehmen LVQ-WP Prüflabor GmbH schöpfen und manchmal unter großem Zeitdruck Unterrichtsmaterialien, wie Skripte, Übungen, Wissensteste und teilweise auch Prüfungen verfassen. Durch die Anerkennung der Firma LVQ-WP Werkstoffprüfung GmbH als Ausbildungsstätte der DGZfP sind solche Unterlagen in der ZfP in sechs Prüfverfahren und 3 Qualifikationsstufen und in der ZP in 9 Prüfverfahren entstanden und über fast zwanzig Jahre erfolgreich zur Weiterbildung von Werkstoffprüfern verwendet worden. Das so verfasste Skript der Stufe 3 nach DIN EN 473 und jetzt nach DIN EN ISO 9712 zur Eindringprüfung, ergänzt durch ausgewählte Inhalte von Beiträgen auf den Jahrestagungen der Deutschen Gesellschaft für Zerstörungsfreie Prüfung, bildete eine wesentliche Grundlage für dieses Buch, das somit auch eine willkommene Hilfe bei der Ausbildung von Werkstoffprüfern der Stufen 2 und 3 auf dem Gebiet der Eindringprüfung sein kann.

Leider ist es in einem solchen Fachbuch nicht möglich, sämtliche Techniken und Anwendungen der Eindringprüfung zu beschreiben. So wird auf theoretische Ableitungen, mathematische Methoden, Modellierungen und bruchmechanische Bewertungen verzichtet. Die Eindringprüfung im Bauwesen, Eisenbahnwesen und im Flugzeugbau ist nach Ansicht des Autors für sich ein Fachbuch wert. Analoge Überlegungen gelten für die Beschreibung von speziellen Untersuchungen mit dem Verfahren an dauerbeanspruchten Werkstücken, an faserverstärkten Kunststoffen, Verbundwerkstoffen, spezieller Keramik und Nichteisenmetallen oder zur automatischen Bildbearbeitung von Eindringmittelanzeigen.

Allen am Entstehen des Buches Beteiligten sei an dieser Stelle gedankt. Besonderer Dank gilt meiner lieben Frau Angelika und natürlich auch allen Firmen und Personen, von denen ich bei der Vorbereitung und Ausgestaltung dieses Buches Unterstützung erhielt, und insbesondere den Sponsoren, die zum Entstehen und Gelingen des Werkes beigetragen haben.

Dem Springer Verlag danke ich für die bei der Herausgabe des Buches stets gute Zu-sammenarbeit.

Mülheim an der Ruhr, Sommer 2014
Prof. Dr.-Ing. Karlheinz Schiebold

In diesem Buch werden die Maßeinheiten des Internationalen Einheitensystems (SI) ein-schließlich der daraus abgeleiteten dezimalen Vielfachen und Teile wie Milli, Mega usw. verwendet.

Inhaltsverzeichnis

Einführung

Die *Eindringprüfung* (penetrant testing, nach den international üblichen Abkürzungen für die verschiedenen Prüfverfahren mit PT bezeichnet) ist ein *zerstörungsfreies* Verfahren der Materialprüfung, welches sich vom Funktionsprinzip her als ein eigenständiges Verfahren in die Reihe der anderen etablierten zerstörungsfreien Prüfverfahren einordnet:

- Radiografische Prüfung RT (Röntgen-, Gamma- und Neutronenstrahlen)
- Akustische Prüfung UT (Ultraschall, Schall, Stoß, Schwingung)
- Magnetische und elektrische Prüfung MT (magnetischer Streufluss, Haftkraft, elektrisches Potenzial)
- Sichtprüfung VT (visuelle Prüfung, optische Prüfung, Endoskopie)
- Wirbelstromprüfung ET (Elektromagnetische Prüfung)

Als *zerstörungsfreies* Prüfverfahren (ZfP, Nondestructive Testing NDT) wird hier in Anlehnung an DIN EN ISO 17025 nach [0.1] definiert:

Technischer Vorgang zur Bestimmung eines oder mehrerer vorgegebener Qualitäts-Kennwerte eines Werkstoffes oder Erzeugnisses gemäß vorgeschriebener Verfahrensweise, wobei die dazu genutzte Energie (z.B. als Wellen- oder Teilchenstrahlung, elektrisches, magnetisches oder elektromagnetisches Feld, mechanische Schwingungen oder Wellen, Licht, Wärmestrahlung u.a.) in Wechselwirkung mit dem Material tritt, ohne dass dadurch dessen Eigenschaften oder das vorgesehene Gebrauchsverhalten (Beanspruchungsart, -höhe und -dauer) unzumutbar beeinträchtigt werden.

Neben den o.g. werden oft auch solche Verfahren bzw. Untersuchungsmethoden den zerstörungsfreien Prüfverfahren zugeordnet, die traditionell bzw. nach der vorstehenden Begriffsdefinition nicht in diese Kategorie einzuordnen sind oder sich wissenschaftlich verselbstständigt haben, wie z.B. die Röntgen-Feinstrukturuntersuchung, die röntgenographische Spannungsmessung, die Spektralanalyse, die akustische Emission, Verformungsmessungen, Rauheitsmessung u.a. [0.2]

K. Schiebold, *Zerstörungsfreie Werkstoffprüfung – Eindringprüfung*,
DOI 10.1007/978-3-662-43809-1_0, © Springer-Verlag Berlin Heidelberg 2014

In diesem Fachbuch werden DIN EN ISO-Normen des gegenwärtigen Standes 2014 zitiert, um die Fachleute zu befähigen, auch ohne detaillierte Lektüre der Normen diese in ihrer täglichen Arbeit umsetzen zu können. Deshalb sind entsprechende Erläuterungen zu den Texten, Tabellen und Bildern in den zitierten Normen eingearbeitet worden.

Der ASME-Code wird ausführlich behandelt, weil diese amerikanische Druckgeräte-Richtlinie nur in englischer Sprache angeboten wird und weil sich die Ausführungen in den für die Praxis wichtigen Kapiteln doch wesentlich von den DIN EN ISO-Normen unterscheiden. Vor allem Firmen, die ASME-Inspektionen für ihre Produkte bestehen müssen, können sich mit den Erläuterungen zum ASME-Code eventuell besser auf solche Inspektionen vorbereiten.

Literatur

[0.1] Mc Master, Nondestructive Testing Handbook, ASNT 1959
[0.2] DGZfP Kursprogramm 2013

Physikalische Grundlagen

1

1.1 Das Prinzip der Eindringprüfung

Der Nachweis von Oberflächenfehlern gehört zu den ältesten zerstörungsfreien Prüfverfahren. Zunächst kannte man die Kalkmilchprobe. Dabei werden die zu prüfenden Werkstücke etwa 30 Minuten lang in Öl gekocht und anschließend schnell und gründlich getrocknet. Danach taucht man die Werkstücke in eine Aufschlämmung von Schlämmkreide in Spiritus oder von Talkum in Tetrachlorkohlenstoff. Nach dem Herausnehmen verdunsten die Flüssigkeiten schnell, während auf der Oberfläche eine gleichmäßig dünne weiße Schicht haften bleibt. Nach kurzer Zeit tritt das in die Oberflächenöffnungen eingedrungene Öl heraus und färbt die weiße Schicht braun. Die Methode wird heute wegen ihrer Umständlichkeit nicht mehr angewendet. Das erste Patent über die Eindringprüfung wurde bereits 1933 im Gründungsjahr der Deutschen Gesellschaft für zerstörungsfreie Prüfung DGZfP veröffentlicht [1.1].

Das Eindringverfahren gilt in der Anwendung als sehr einfach. Die Fachleute sind sich jedoch im Klaren, dass es sich bei diesem Verfahren um komplexe physikalische Vorgänge handelt und dass die zuverlässige Prüfung in vielen Fällen ein hohes Maß an Kenntnis der Zusammenhänge und Sorgfalt bei der Durchführung verlangt [1.2].

Das Verfahren beruht auf der Kapillarwirkung, d.h. auf dem Ansaugen von Flüssigkeiten in Körpern, die enge Hohlräume enthalten. Man kann diese Wirkung selbst beobachten, wenn man einen Trinkhalm in ein mit Wasser gefülltes Glasgefäß taucht. Der Flüssigkeitsspiegel steigt im Trinkhalm ein ganzes Stück höher als im Glasgefäß. So ist auch die „aufsaugende" Wirkung von Löschpapier oder Lampendochten auf die Kapillarwirkung zurückzuführen. Der Füllvorgang kann unterschieden werden durch die Kapillarfüllung und die Diffusionsfüllung. Bei der Kapillarfüllung erfolgt die Füllung durch die Kapillarkräfte. Die Luft wird im Inneren der Kapillare zusammengepresst und bis zur Tiefe l_∞ gefüllt (Abb. 1.1).

Der Kapillarendruck p_c entspricht dem atmosphärischen Druck p_a. Aus diesen Beziehungen lassen sich Formeln zur Berechnung von l_∞ ableiten. Man unterscheidet parallele,

K. Schiebold, *Zerstörungsfreie Werkstoffprüfung – Eindringprüfung*,
DOI 10.1007/978-3-662-43809-1_1, © Springer-Verlag Berlin Heidelberg 2014

Abb. 1.1 Kapillarenfüllung [1.2]

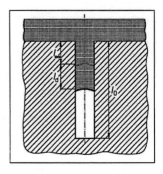

zylindrische und nichtparallele Kapillarwände. Für eine zylindrische Kapillarwand gilt beispielsweise $l_\infty = l_0 \times \Psi$ [1.2], mit

$\Psi = p_c/(p_a + p_c), p_c = 2\,\sigma\,(\cos\Theta)/R, \sigma =$ Oberflächenspannung
$\Theta =$ Benetzungsmittel, R und l = Radius und Länge der Kapillare.

Bei der Diffusionsfüllung löst sich das in der Kapillare eingeschlossene Gas in der Flüssigkeit und diffundiert nach außen, so dass die Flüssigkeitssäule ansteigt. Die zeitabhängige Fülltiefe wird nach folgender Gleichung berechnet [1.1]:

$$L_d = \frac{2\,\Psi \times k_h\,\sqrt{DRT}}{M\,\sqrt{\pi}} \times \sqrt{t} \quad \text{mit}$$

M = Mol, h = Henry'sche Lösungskonstante, R = universelle Gaskonstante
T = Zeit, D = Diffusionskoeffizient: Gas/Flüssigkeit.

Die Eindringprüfung ist ein zerstörungsfreies Prüfverfahren, mit dem sich Ungänzen sichtbar machen lassen, die zur Bauteiloberfläche hin geöffnet sind. Geeignete flüssige Stoffe (Eindringflüssigkeiten) haben die Eigenschaft, entsprechend gereinigte Oberflächen zu benetzen (Abb. 1.2A) und in enge Spalten einzudringen (Abb. 1.2B).

Diesen Eindringflüssigkeiten werden gut sichtbare Farben oder fluoreszierende Stoffe beigemischt. Entfernt man das überschüssige Mittel so von der Oberfläche (Zwischenreinigung – Abb. 1.2C), dass diese sauber ist, das Mittel aber in den Öffnungen verbleibt, so kann man im folgenden Verfahrensschritt der Entwicklung (Abb. 1.2D) das Mittel durch eine kreideähnliche Substanz mittels Löschblatteffekt wieder herausholen. Eine anschließende Auswertung (Abb. 1.2E) mit dem bloßen Auge des Betrachters lässt eine zweidimensionale, vergrößerte Abbildung der Öffnung des engen Spaltes im meist weißen Entwickler erkennen. Zum Abschluss wird die Bauteiloberfläche gereinigt (Abb. 1.2F).

1.2   Eindringfähigkeit

Die Eindringfähigkeit eines Eindringmittels kann im Wesentlichen auf zwei physikalische Eigenschaften zurückgeführt werden: die Kohäsion und die Adhäsion. Als messbare Größen werden diesen zugeordnet die Oberflächenspannung und die Benetzungsfähigkeit bzw. der Kontaktwinkel.

1.2.1   Oberflächenspannung

Jede Flüssigkeit besteht aus kleinen Teilchen (Molekülen), welche Anziehungskräfte aufeinander ausüben. Durch diese gegenseitig aufeinander ausgeübten Kräfte bekommt die Flüssigkeit einen begrenzten Zusammenhalt („Kohäsionskräfte"). An der Flüssigkeitsoberfläche können diese Anziehungskräfte nur nach innen wirken; d.h. die an dieser Grenzfläche z.B. frei zur Luft liegenden Teilchen werden von den anderen nach innen gezogen, während die Luftteilchen selbst praktisch keine Anziehungskräfte auf die Flüssigkeitsteilchen im Oberflächenbereich ausüben (Abb. 1.3). Will man also Flüssigkeitsteilchen in die Oberflächenschicht bringen, z.B. durch Vergrößerung der Oberfläche, so muss Arbeit verrichtet werden.

Auf dem unterschiedlichen Stärkeverhältnis zwischen Kohäsion und Adhäsion beruhen also die in engen Flüssigkeitsröhren beobachteten Kapillarerscheinungen, wie Kapillarattraktion und -depression. Bringt man zum Beispiel einen Metallring auf eine Wasseroberfläche und zieht ihn ganz vorsichtig in die Höhe, so bleibt das Wasser zunächst wulstartig an ihm hängen und man verspürt eine geringe, aber doch messbare Kraftwirkung (Abb. 1.4). Zieht man ihn weiter in die Höhe, so zerreißt der Wulst in kleine Tröpfchen.

Die spezifische Kraft, die am Bügel wirkt, bevor der Flüssigkeitsfilm zerreißt, nennt man Oberflächenspannung. Die Bildung kleiner Tröpfchen nach dem Zerreißen des Films erklärt sich dadurch, dass der inneren Kraftwirkung keine äußere mehr entgegengesetzt ist; die Flüssigkeit also ihre Oberfläche so klein wie möglich zu halten versucht (Kugeloberfläche).

1.2.2   Benetzungsfähigkeit

Bei der Eindringprüfung spielt aber nicht nur die Grenzfläche Flüssigkeit/Luft eine Rolle, sondern vor allem die Grenzfläche Feststoff (Metall)/Flüssigkeit (Eindringmittel). **So wird die Benetzung beeinflusst durch die Oberflächenspannung des Eindringmittels und der Prüfstückoberfläche sowie durch die Grenzflächenspannung zwischen beiden.**

Ein Feststoff kann von der Flüssigkeit mehr oder minder gut benetzt werden. Wenn die Flüssigkeit gut benetzt wird, so bildet sie einen dünnen Film auf der Oberfläche des Feststoffes. Bei schlechter Benetzung hingegen sammelt sich die Flüssigkeit in Form von

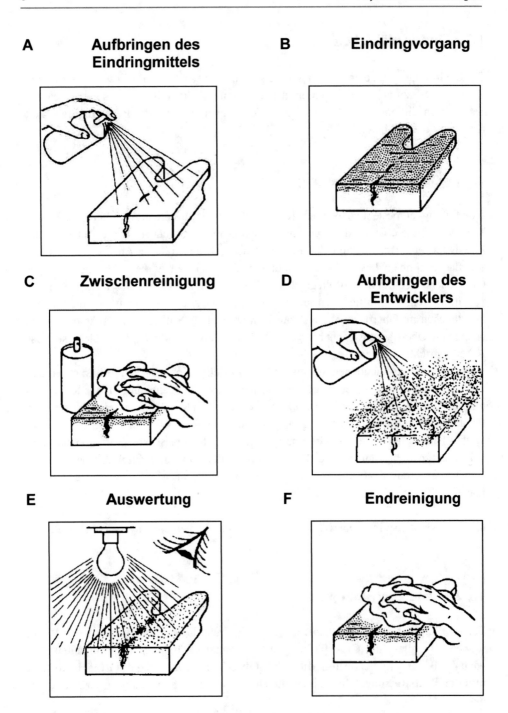

Abb. 1.2 Prinzipieller Verfahrensablauf bei der Eindringprüfung [1.1]

Abb. 1.3 Anziehungskräfte
für Teilchen im Innern und an
der Oberfläche einer Flüssigkeit [1.12]

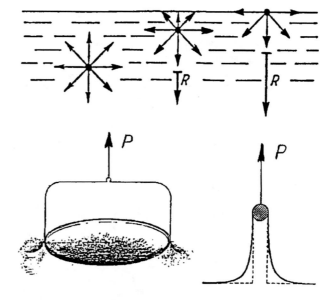

Abb. 1.4 Messung der Oberflächenspannung mittels
Metallbügel auf einer Wasseroberfläche [1.12]

Tröpfchen auf der Oberfläche. Dies hängt aber davon ab, wie stark die Flüssigkeit von der
Feststoffoberfläche angezogen wird (Adhäsionskraft), d.h. ob die Teilchen der Feststoffoberfläche auf die Flüssigkeitsteilchen (Adhäsion) oder die Flüssigkeitsteilchen unterein-
ander (Kohäsion) stärkere Kräfte aufeinander ausüben. Schlecht benetzende Flüssigkeiten
haben einen großen „Kontakt-Winkel" (Abb. 1.5) mit der jeweiligen Feststoffoberfläche,
bilden also Tropfen. Gut benetzende Flüssigkeiten haben einen kleinen „Kontakt-Winkel"
mit der Flüssigkeit, bilden demnach einen Film. Ein gutes Benetzungsvermögen ist eine
wichtige Voraussetzung für die Eindringprüfung. Wenn nämlich das Eindringmittel auf das
Prüfstück aufgetragen wird, so muss es einen Film bilden, um alle zu prüfenden Stellen der
Oberfläche sicher zu erreichen.

1.2.3 Kapillarwirkung

Das Eindringvermögen in enge Spalten (z.B. Risse) wird in der Physik am besten durch
die **Kapillarwirkung** beschrieben. Ein eindrucksvolles Beispiel hierfür zeigt Abb. 1.6.
Eine Kapillare ist ein Röhrchen mit sehr geringem Durchmesser (z.B. 1 mm oder kleiner).

Abb. 1.5 Darstellung des
Kontaktwinkels bei der Benetzung [1.12]

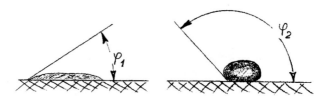

Abb. 1.6 Zwei unter einem
spitzen Winkel im Wasser stehende Glasplatten zur Demon-
stration der Kapillarwirkung
(je geringer der Abstand, um
so größer die Kapillarwirkung)
[1.6]

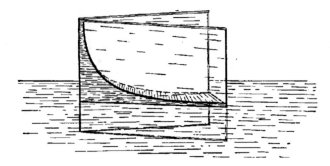

Abb. 1.7 A und B Glasgefäße
mit Wasser, C und D mit
Quecksilber gefüllt [1.12]

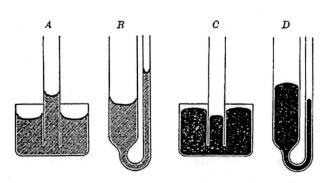

Setzt man Kapillaren verschieden großen Durchmessers an einem Ende in eine gut benetzende Flüssigkeit, so steigt die Flüssigkeit in den Röhrchen um so höher, je kleiner der
Durchmesser der Kapillare ist (Abb. 1.7A und 1.7B). Setzt man sie jedoch in eine schlecht
benetzende Flüssigkeit, wird die Flüssigkeit entsprechend herabgedrückt (Abb. 1.7C und
1.7D).

Die Ursache dieser Erscheinung ist das Bestreben der Flüssigkeit, die Innenoberfläche
der Kapillare infolge der Kohäsion möglichst vollständig zu benetzen. Das Kapillar-
röhrchen unterbricht die unter der Oberflächenspannung stehende „Haut", die innen
wirkenden Adhäsionskräfte ziehen die Flüssigkeit mit. Die Masse dieser Flüssigkeit unter-
liegt der Erdanziehung (Gravitation); d.h. bei einer bestimmten Steighöhe sind die Kräfte
der Benetzung und die Gravitationskraft im Gleichgewicht. Der Steigvorgang kommt
deshalb bei einer Höhe zum Stehen, die abhängig vom Kapillardurchmesser, also von der
Masse der mitgeschleppten Flüssigkeit ist.

Die Steighöhe (h) ist damit abhängig von

- der Dichte der Flüssigkeit (ρ),
- der Oberflächenspannung (σ),
- dem Kontaktwinkel (φ) d.h. der Benetzungsfähigkeit,
- dem Durchmesser der Kapillare (d) und
- der Gravitationskonstanten (g).

In der Physik drückt man das durch folgende Gleichung aus [1.5]:

$$h = \frac{\sigma \times \cos \varphi}{\rho \times g \times d}.$$

Übertragen auf feine Risse oder ähnliche Hohlräume bedeutet das, dass die Steighöhe bei zweiseitig offenen Kapillaren höher ist als bei einseitig offenen Kapillaren und dass die Eindringfähigkeit eines Eindringmittels wächst mit

- steigender Oberflächenspannung der Flüssigkeit,
- kleinerer Dichte der Flüssigkeit,
- kleinerem Kontaktwinkel zwischen Flüssigkeit und Feststoff, d.h.
- besserer Benetzungsfähigkeit und
- kleinerer Breite des Hohlraumes im Feststoff.

Während die Oberflächenspannung und die Dichte allein Eigenschaften des Eindringmittels darstellen, sind der Kontaktwinkel (Benetzungsfähigkeit) und die Hohlraumbreite Eigenschaften, die vom Prüfgegenstand mitbestimmt werden. Die Wirksamkeit eines Eindringmittels für die Prüfung eines Bauteils ist damit nicht nur vom Eindringmittel, sondern auch vom Bauteil abhängig; z.B. Oberflächenzustand, Werkstoff, Art und Geometrie des Hohlraumes.

Die Auswahl eines geeigneten Eindringmittels ist folglich von der Prüfaufgabe abhängig. Nicht jedes Eindringmittel ist für jede Prüfaufgabe gleich gut geeignet. Ein gutes Eindringmittel muss zumindest eine hohe Oberflächenspannung und einen kleinen Kontaktwinkel, d.h. eine gute Benetzungsfähigkeit besitzen. Wasser hat zwar eine hohe Oberflächenspannung, aber auch einen großen Kontaktwinkel auf fettiger Oberfläche. Ein Eindringmittel auf Mineralölbasis, dessen Zusammensetzung sorgfältig kontrolliert ist, weist die gewünschten Eigenschaften auf.

Bei der Übertragung der Kapillarwirkung z.B. auf einen Riss ist noch zu berücksichtigen, dass der Riss im Gegensatz zur Kapillare in der Regel nur an einer Seite offen ist. Ist der Riss über seine Länge von gleicher Spaltbreite und auf ganzer Länge mit dem Eindringmittel bedeckt, so kann die Luft aus ihm nicht entweichen. Dem Steigdruck ist damit nicht nur die Erdanziehung, sondern ggfl. auch der Druck der in seinem Innern eingeschlossenen Luft entgegen gerichtet. Hat der Riss jedoch, was oft der Fall ist, verschiedene Breiten über seine Länge, so wird das Eindringmittel zunächst in die schmaleren Bereiche eindringen und die Luft aus den breiteren Bereichen entweichen, bevor er sich ganz mit Eindringmittel füllt.

1.3 Eindringgeschwindigkeit

Während die Eindringfähigkeit das Vermögen in enge Hohlräume einzudringen beschreibt, kann sie keine Aussage darüber machen, wie lange dieser Vorgang dauert. **Die**

Eindringgeschwindigkeit hängt im Wesentlichen von der Fließfähigkeit der Flüssigkeit ab. Ist ein Stoff sehr zähflüssig, so kann die Dauer des Vorgangs durchaus mehrere Stunden betragen. Da solche Eindringzeiten nicht wirtschaftlich sind, ist die **Viskosität** (Zähigkeit oder Fließfähigkeit) ein wichtiges Auswahlkriterium für ein Eindringmittel.

1.3.1 Viskosität als innere Reibung

Da die Flüssigkeitsteilchen bei guter Benetzung beim Überfluten der Oberfläche mit Eindringmittel und beim Eindringen eines Eindringmittels in einen Hohlraum stets die Tendenz haben, an der Metalloberfläche zu haften, die Teilchen im Innern aber dahin tendieren, sich fortzubewegen, entsteht eine innere Reibung zwischen ihnen. Die innere Reibung bestimmt die Geschwindigkeit, mit der sich eine Flüssigkeit in engen Hohlräumen fortbewegt. Es gibt zwei Verfahren, diese Geschwindigkeit zu messen:

1. Als Sinkgeschwindigkeit einer Kugel in einem mit Flüssigkeit gefüllten Röhrchen (Viskosimeter in Abb. 1.8).
2. Als Flüssigkeitsmenge, die durch ein Röhrchen bei einer bestimmten Druckdifferenz in einer bestimmten Zeit durchläuft.

Eine Kugel bewegt sich in rollender und gleitender Bewegung in einem geneigten zylindrischen Rohr, das mit dem zu prüfenden Fluid gefüllt ist. Es wird die Zeit gemessen, welche die Kugel benötigt, um eine definierte Messstrecke zu durchlaufen. Durch Schwenken des Messteils kann der Rücklauf der Kugel zur Messung herangezogen werden. Mit Hilfe des Stokes'schen Sedimentationsgesetzes wird die dynamische Viskosität berechnet, welche in mPa·s (Millipascalsekunde, also 10^{-3} Pa·s) angegeben wird [1.9].

Abb. 1.8 Viskosimeter nach Höppler [1.8]

Beide Modelle sind Grenzfälle für die Beschreibung der Vorgänge bei der Eindringprüfung. Danach ist die Eindringgeschwindigkeit um so größer

- je größer die Abmessung des Hohlraumes,
- je größer die Dichte der Flüssigkeit und
- je kleiner die innere Reibung d.h. je geringer die Viskosität ist.

Da die beiden ersten Forderungen den Forderungen an eine hohe Eindringfähigkeit widersprechen, kommt der dritten Forderung eine große Bedeutung zu. Die Viskosität (Zähigkeit) eines flüssigen Eindringmittels ist abhängig von der

- Art und Zusammensetzung des Eindringmittels und der
- Temperatur der Metalloberfläche bzw. des Eindringmittels.

1.3.2 Viskosität und Zusammensetzung des Eindringmittels

Aus Tabelle 1.1 ist erkennbar, dass verschiedene Lösemittel und Eindringmittel sehr unterschiedliche Viskositäten haben können (100:1), während Eigenschaften wie Dichte und Oberflächenspannung nicht so unterschiedliche Werte zeigen (2:1). Die Viskosität des Eindringmittels wird stark vom Lösemittel, aber auch von der gelösten Farbe und anderen Zusätzen mitbestimmt. Auch während der Prüfung zusätzlich aufgenommene Stoffe (z.B. Wasser durch ungenügende Trocknung nach der Vorreinigung) können lokal die Viskosität auf der Prüffläche beeinflussen. Dies alles macht die Eindringzeit von der Art und der Reinheit des Eindringmittels abhängig. Bei offenen Tankanwendungen ist daher der Wassergehalt mit Hydrometern zu überwachen, indem mittels eines Aärometer-Schwimmers

Tab. 1.1 Übersicht physikalischer Eigenschaften von Eindringmittelkomponenten [1.10]

Stoff	Temperatur (°C)	Dichte (g/cm^3)	kinematische Viskosität (cSt)*	Oberflächen- spannung (dyn/cm)**
Wasser	20	0,99	1,00	72,8
Äther	20	0,74	0,32	17,0
Athylalkohol	20	0,79	1,52	21,0
Kerosin	20	0,79	1,65	23,0
Ethylenglykol	20	1,12	17,65	47,7
SAE Nr.10	20	0,89	112.3	31,0
Perchlorethylen	20	1,62	0,99	31,7
MR 68 F	20	0,92	16.38	33,0
FNP-1	20	0,85	3.16	-

Neue Einheiten: *) 1 cSt = 10^{-6} m^2/s   **) 1 dyn/cm = 10^{-3} N/m

Tab. 1.2 Lagerfähigkeit und Wasseraufnahme am Beispiel des Eindringmittels MR 68 F [1.10]

Lagerzeit (Tage)	Dichte (g/cm^3)	Dichtezunahme (%)	Viskosität (10^{-6} m^2/s)*	Viskositätszunahme (%)
0	0,9193	0	16,38	0
34	0,9212	0,21	18,73	14,35
61	0,9214	0,23	19,64	19,90
0	0,9233	0,44	26,84	63,90

der Wassergehalt mittels der Eintauchtiefe angezeigt wird. Die Anzeigefähigkeit ist mit dem Kontrollkörper in regelmäßigen Abständen zu überprüfen.

Wichtig für die Anzeigefähigkeit eines Eindringmittels ist auch sein Wassergehalt. Er ist mit 5% Wassergehalt noch gegeben. Bei längerer Lagerzeit der Eindringmittel, z.B. im offenen Tank, verändern sich die Wasseraufnahme und damit die Eigenschaften des Eindringmittels, wie Tabelle 1.2 zeigt.

Die letzte Zeile der Tabelle enthält Angaben für eine Untersuchung, bei der eine künstliche Zugabe von 5 ml Wasser auf 95 ml MR 68 im Ausgangszustand erfolgte. Man beachte die starke Veränderung der Viskosität. Eine Übersicht über Eindringmitteleigenschaften und Nachweisempfindlichkeiten von Prüfmittelsystemen verschiedener Hersteller wird in Tab. 1.3 gegeben [1.10].

1.3.3   Viskosität und Temperatur

Die Temperatur des Eindringmittels und der Prüffläche kann je nach Umgebungsbedingungen schwanken. Die Viskosität des Eindringmittels hängt aber ihrerseits von der Tem-

Tab. 1.3 Übersicht über Eindringmitteleigenschaften und Nachweisempfindlichkeiten von Prüfmittelsystemen verschiedener Hersteller [1.11]

	Eindringmittel		
Bezeichnung	Dichte (g/cm^3)	Flammpunkt (°C)	Viskosität (10^{-6} m^2/s)*
MR 68	-	-	-
MR 68 F	0,9193	89	16,38
MR 68 NF	0,9193	85	16,56
FNP-1	0,8542	85	3,16
RDP-2	1,0111	101	29,7
BDP-1	0,9451	59	18,65
FWP-1	0,9003	86	6,52

peratur ab. Temperaturdifferenzen von 45 Grad Celsius können die Viskosität um mehr als 20 % verändern. Damit wird die Eindringzeit und bei ihrer Unter- oder Überschreitung auch die Empfindlichkeit des Verfahrens temperaturabhängig. Die Anwendbarkeit von Eindringmitteln bei vorgegebenen Eindringzeiten muß damit vom Regelwerk auf einen bestimmten Standard-Temperaturbereich beschränkt werden. Außerhalb dieses Bereiches ist entweder ein Eindringmittel anderer Zusammensetzung einzusetzen oder es sind andere Eindringzeiten zu wählen.

1.3.4 Viskosität und Flammpunkt

Um möglichst wirtschaftliche Eindringzeiten zu erhalten, würde man also immer Eindringmittel mit möglichst geringen Viskositäten bevorzugen. Leider ist auch nach unten eine Grenze gesetzt. Alle Lösemittel mit niedrigen Viskositäten sind nämlich leicht flüchtig und haben niedrige Flammpunkte. Vom Standpunkt der Arbeitsicherheit aus muss der Flammpunkt des Eindringmittels möglichst über 60 Grad Celsius liegen. Dies bedeutet in der Regel, dass für die Eindringprüfung nur höher viskose Lösemittel sowohl als Zwischenreiniger als auch als Basismedium für Eindringmittel in Frage kommen.

1.3.5 Dimensionsabhängige Viskosität

Die geometrischen Abmessungen der Kapillaren haben ebenfalls einen Einfluss auf die Viskosität. Bei kleinen Kapillarquerschnitten und polaren Flüssigkeiten (z.B. Wasser oder Alkohol) steigt die Viskosität mit abnehmendem Querschnitt an, während sie bei nichtpolaren Flüssigkeiten (z.B. Kerosin) unabhängig vom Querschnitt ist [1.2]. Die Wechselwirkungen des Mikrovolumens von polaren Flüssigkeiten wurden experimetell und theoretisch untersucht [1.3] und die dimensionsabhängige effektive Viskosität in Abhängigkeit von der Geometrie der Kapillaren beschrieben [1.4].

1.3.6 Dampfdruck

Ein Maß für die Geschwindigkeit, mit der eine Flüssigkeit in den gasförmigen Zustand wechselt, ist der Dampfdruck. Diese Geschwindigkeit, auch Verdunstungsgeschwindigkeit genannt, ist umso größer, je größer der Dampfdruck ist. Eindringmittel würden bei hoher Verdunstungsgeschwindigkeit schnell antrocknen, Trägerflüssigkeiten der Entwickler rasch verdunsten. Deshalb müssen Eindringmittel einen möglichst niedrigen und Trägerflüssigkeiten der Entwickler einen höheren Dampfdruck aufweisen [1.5].

1.3.7   Beständigkeit

Eindringmittel müssen beständig sein bei Tageslicht und gegenüber UV-Licht, d.h. sie dürfen weder ihre Farbeigenschaften noch ihre Fluoreszenz verlieren. Die Beständigkeit für UV-Strahlung kann beispielsweise mittels Leuchtdichtemessungen festgestellt werden. Die Beständigkeit soll auch im Standard-Temperaturbereich erhalten bleiben, sowohl Entmischungen als auch Bodensatz müssen besonders bei Tankanwendungen vermieden werden.

1.4   Theorie des Emulgierens

1.4.1   Lösemittel

Wenn verschiedene Stoffe miteinander in Kontakt kommen, können sie sich völlig unterschiedlich zueinander verhalten: Entweder lösen sie sich ineinander oder sie bilden gegeneinander eine Grenzfläche aus. Man spricht dann von einer Mischung oder von mehreren Phasen. Die Ausbildung von Grenzflächen zwischen Phasen verschiedener Aggregatzustände eines Stoffes (fest – flüssig – gasförmig) ist eine bekannte Erscheinung. Im Winter kann es z.B. in der Natur oft vorkommen, dass bei feuchtem Wetter und Temperaturen um den Nullpunkt an gleicher Stelle Eis und Wasser auf den Straßen existieren und eine hohe „Luftfeuchtigkeit" (gasförmiges Wasser) besteht.

Ähnliche Erscheinungen gibt es auch zwischen zwei verschiedenen Stoffen; z.B. Flüssigkeiten. Öl und Wasser lassen sich z.B. nicht mischen. In der Regel sammelt sich das Wasser unter dem Öl an, zwischen beiden bildet sich eine Grenzschicht aus. Andererseits lassen sich viele Stoffe entweder in Wasser oder in Öl lösen, wie z. B. Kochsalz das sich in Wasser löst, aber nicht in Öl und manche Kunststoffe, die sich in Öl auflösen, aber nicht in Wasser. Nur wenige Stoffe haben eine „Löslichkeit" für Öl und Wasser. Die meisten Lösemittel kann man daher zwei Typen zuordnen, den hydrophilen („das Wasser liebende") Lösemittel, wie z.B. Alkohol, und den lipophilen („das Öl liebende") Lösemitteln, wie z.B. Benzin.

Unter dem Begriff Lösung versteht man die Durchmischung der kleinsten Teilchen der Stoffe, der Moleküle. Die Moleküle hydrophiler Stoffe werden im Gegensatz zu den lipophilen durch elektrische Kräfte zusammengehalten. Alle Stoffe, deren Moleküle elektrische Ladungen tragen, d.h. die zur Ionenbildung in Wasser neigen, lösen sich gut in Wasser, aber schlecht in Öl. Dabei ist über die Lösemittel selbst nichts ausgesagt. Während hydrophile und lipophile Lösemittel, wie Alkohol und Benzin, sich mischen lassen, ist das bei Wasser und Benzin nicht möglich.

1.4.2   Emulsion und Lösung

Eindringmittel sind im Wesentlichen mit Farbe versetzte lipophile Flüssigkeiten (d.h. öl-artig), also normalerweise wasserunlösliche Stoffe. Bei der Zwischenreinigung wird sich daher zunächst auch eine lipophile Flüssigkeit (Öl- oder Fett-Lösemittel) als Reiniger empfehlen. Soll Wasser angewendet werden, muss die lipophile Flüssigkeit wasserab-waschbar gemacht werden. Dazu bedient man sich chemischer Stoffe, die auch Tenside oder Emulgatoren genannt werden.

Tenside/Emulgatoren sind Stoffe, deren längliche Moleküle auf der einen Seite hydro-phil und auf der anderen Seite lipophil sind. Sie haben damit die Tendenz, sich an einer Grenzfläche zwischen den Flüssigkeiten zu sammeln, wo sie ihr lipophiles Ende der lipo-philen Flüssigkeit und ihr hydrophiles Ende dem Wasser zuwenden. Dadurch vermindern sie die Grenzflächenspannung; im System Öl-Wasser um einen Faktor von etwa 20.

Schüttelt man Öl und Wasser ohne weitere Zusatzstoffe in einem Glas miteinander, so erhält man während des Schüttelns eine milchig trübe Flüssigkeit, die sich nach Beendi-gung des Schüttelns wieder entmischt und dabei durch Koagulation (Zusammenballung) der einzelnen Tröpfchen wieder klar wird. Bei Anwesenheit von Tensiden/Emulgatoren bleibt der trübe Zustand jedoch erhalten: Öl wird im Wasser in Form kleiner Tröpfchen verteilt, die durch das in Igelstellung um das Öltröpfchen angeordnete Tensid/Emulgator stabilisiert werden (Abb. 1.9).

Da das Öl nicht im Wasser gelöst, aber in Form feiner Tröpfchen (Mizellen) verteilt „dispergiert" wird, bezeichnet man diesen Zustand nicht als Lösung, sondern als **Emul-sion**. Weil die Tenside diesen Zustand stabilisieren, nennt man sie auch **„Emulgatoren"**. Durch die Wirkung dieser Stoffe lässt sich Öl in Form feinster Tröpfchen, d.h. mit Hilfe von Wasser als Emulsion von einer Oberfläche wegschwemmen. Ein Ansäuern macht die-sen Prozess rückgängig, wie bei Milch und Essig. Die Begriffe lassen sich wie folgt defi-nieren:

Tenside sind solche Stoffe, die die Grenzflächenspannung zwischen zwei Stoffen ver-mindern. Sie werden auch Entspannungsmittel genannt. Tenside (von lat. *tensus* „ge-spannt") sind Substanzen, die die Oberflächenspannung einer Flüssigkeit oder die Grenz-flächenspannung zwischen zwei Phasen *herabsetzen* und die Bildung von Dispersionen er-möglichen oder unterstützen bzw. als Lösungsvermittler wirken. Tenside bewirken, dass zwei eigentlich nicht miteinander mischbare Flüssigkeiten, wie zum Beispiel Öl und Was-ser, fein vermengt werden können [1.7].

Emulgatoren sind Hilfsstoffe, die dazu dienen, zwei nicht miteinander mischbare Flüs-sigkeiten, wie zum Beispiel Öl und Wasser, zu einem fein verteilten Gemisch, der soge-nannten Emulsion, zu vermengen und zu stabilisieren [1.7] .

Detergentien sind solche Stoffe, die als Zusatzstoffe dem Wasser beigegeben werden und so die Waschmittellösung ergeben; sie werden auch Waschmittel genannt. Sie können basisch, sauer oder auch neutral sein [1.7].

Bei der Eindringprüfung unterscheidet man lipophile und hydrophile Emulgatoren. Bei wasserabwaschbaren Eindringmitteln sind lipophile Emulgatoren zugesetzt worden und

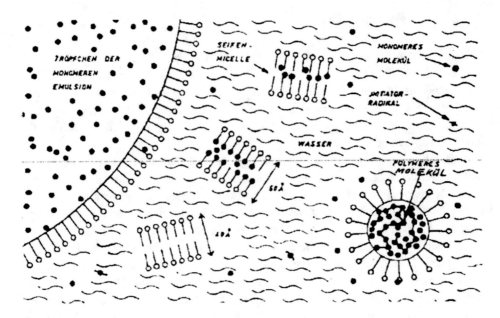

Abb. 1.9 Darstellung der Wirkungsweise von Tensiden/Emulgatoren [1.6]

das Eindringmittel wird als wasserfreundlich bezeichnet. Bei nachemulgierbaren Eindringmitteln wird der Emulgator zusätzlich und gleichmäßig aufgetragen. Hydrophile Emulgatoren können mit Wasser verdünnt angewendet werden, lipophile werden direkt durch Sprühen oder Tauchen aufgebracht.

Lösemittelentfernbare Eindringmittel besitzen eine relativ geringe Dichte (siehe Tabelle 1.1 für FNP-1 mit 0,85 g/cm^3), während der Emulgator eine höhere Dichte hat. Das gilt auch für hydrophile Emulgatoren mit Wasserbeimengungen. Der Emulgator durchdringt daher die überschüssige Schicht des Eindringmittels an der Oberfläche und macht sie dadurch wasserabwaschbar.

Häufig wird bei Anwendung lipophiler Emulgatoren auch mit Wasser vorgewaschen. Dabei wird das Wasser durch die Eindringmittelschicht nach unten sinken, einen Teil des Eindringmittels abspülen und nur die durch die Adhäsion haftende dünne Eindringmittelschicht unangetastet lassen, die dann vom Emulgator wasserlöslich gemacht wird.

Literatur

[1.1] Berg, H. W., 60 Jahre Eindringprüfung- Die Entwicklung begleitenden Informationen der DGZfP, DGZfP-Jahrestagung Garmisch-Partenkirchen (1993);

[1.2] Prokhorenko, Migoun, Stadthaus, Physikalische Grundlagen der Eindringprüfung, DGZfP-Jahrestagung Celle (1999);

[1.3] Migoun, Prokhorenko, Hydrodynamics and Heat Transfer of Gradient Flows of Microstructural Liquids, Minsk 1984;

[1.4] Prokhorenko, Migoun, Introduction to the Theory of Penetrant Testing, Minsk 1988;

[1.5] Stroppe, Physik für Studenten der Natur- und Ingenieurwissenschaften, Fachbuchverlag Leipzig im Carl Hanser Verlag 2005;

[1.6] Deutsch, Wagner, Prüfung auf Oberflächenrisse nach dem Eindringverfahren1999;

[1.7] Google, Wikipedia, http://de.wikipedia.org/wiki/Emulgator und Tenside;

[1.8] http://de.wikipedia.org/w/index.php?title=Datei:Kugelfallviskosimeter Neue Generation.JPG &filetimestamp=20080820063603&#file, April 2013;

[1.9] Bauer, Frömming, Führer, Lehrbuch der pharmazeutischen Technologie, April 2013;

[1.10] Berg, K.U., Berg, H. W., Fluoreszierende Eindringmittel-Ursprung, synthetische Herstellung, industrieller Einsatz, DGZfP-Jahrestagung Luzern (1991);

[1.11] Sicherheitsdatenblätter verschiedener Hersteller von Prüfmitteln;

[1.12] Skript LVQ Mülheim 1992;

Verfahrensablauf

2

2.1 Vorreinigung

2.1.1 Oberflächenvorbereitung

Die Aussagekraft von Eindringprüfungen beruht auf dem Vermögen des Eindringmittels, in Oberflächenunganzen einzudringen und die gesamte Oberfläche zu benetzen. Das Eindringverfahren kann deshalb nur durchgeführt werden, weil die nachzuweisenden Ungänzen zur Oberfläche hin offen und nicht mit Verunreinigungen bedeckt oder gefüllt sind. Im Allgemeinen lassen sich diesbezüglich bereits an den unbehandelten Prüfstückoberflächen nach dem Gießen, Schmieden, Walzen oder Schweißen zufriedenstellende Ergebnisse erzielen. In vielen Fällen liegen diese Oberflächen zur Eindringprüfung jedoch bereits im bearbeiteten Zustand oder gestrahlten Zustand vor, wodurch auch negative Aspekte hinsichtlich der Fehlererkennbarkeit auftreten können, was noch zu diskutieren ist. Auf jeden Fall müssen die zu prüfenden Oberflächen und auch angrenzende Prüfbereiche trocken und frei von Schmutz, Fasern, Fett, Öl, Zunder, Farbe, Rost, Salze, Schweißschlacke und -spritzern, Flussmitteln und anderen Fremdstoffen sein, die die Oberflächenöffnungen verstopfen oder sich auf sonstige Weise störend auf die Prüfung auswirken können.

Befinden sich z.B. Rost, loser Zunder oder Verunreinigungen auf der Oberfläche, so dringt das Eindringmittel in deren Hohlräume ein und führt an Stellen zu Anzeigen, die für die Beurteilung des Prüflings nicht relevant, d.h. nicht von Bedeutung sind. Sind diese Stoffe auf der Prüffläche fest haftend, können sie darunter befindliche Ungänzen sogar verschließend bedecken. In diesen Fällen muss die Oberfläche mechanisch bearbeitet werden.

Soll Eindringmittel auf eine Oberfläche aufgetragen werden, so muss sichergestellt sein, daß der Zustand der Oberfläche den gesamten Verfahrensablauf nicht behindert oder zu Fehldeutungen bei der Auswertung führt. Dafür sind nachstehend behandelte Methoden der Oberflächenvorbereitung üblich. In die Vorreinigung und später auch in die Zwischenreinigung ist eine bestimmte Zone (meist 25 mm) der angrenzenden Flächen einzubezie-

K. Schiebold, *Zerstörungsfreie Werkstoffprüfung – Eindringprüfung*, DOI 10.1007/978-3-662-43809-1_2, © Springer-Verlag Berlin Heidelberg 2014

hen, vor allem bei nur stellenweiser Prüfung (z.B. Schweißnähte plus Wärmeeinflusszone). Nach Abschluss der Vorreinigung sollten die zu prüfenden Teile getrocknet werden, damit in möglichen Fehlstellen weder Wasser noch Lösemittel verbleiben.

2.1.2 Methoden der Vorreinigung

Die Auswahl der geeigneten Vorreinigungsmethode ist im Wesentlichen abhängig von

- der Art der Verunreinigung, die zu entfernen ist, da durch eine einzige Methode nicht alle verunreinigenden Stoffe gleichermaßen erfolgreich entfernt werden können,
- der Nachwirkung der Reinigungsmethode auf die zu prüfenden Oberflächen, um z.B. mechanische Oberflächenveränderungen auszuschalten (Kratzer, Rost, Werkstoffversprödung u. a. m.),
- der Durchführbarkeit der Methode am Bauteil, z.B. kann ein großes Gussstück nicht in einem kleinen Ultraschallbad gereinigt werden,
- den Anforderungen des Bestellers der Prüfungen an die Reinigung.

2.1.2.1 Mechanische Vorreinigung

Spanabhebende Bearbeitungsverfahren wie Drehen, Fräsen, Hobeln, Bohren, Schleifen, Bürsten, Schaben, Schmirgeln, Honen, Aufreiben, Abziehen, Entgraten, Feilen, Kiesstrahlen oder die Verwendung von abrasiven Mitteln, wie Sand, Aluminiumoxid, metallischer Schrott werden eingesetzt, um vorwiegend Rost, Zunder, Gießereisand, Kohle und ähnliche Produkte zu entfernen.

Eine solche Bearbeitung von Oberflächen vor der Prüfung kann allerdings die Ergebnisse beeinträchtigen. Bei spanabhebender Bearbeitung oder Kiesstrahlen ist z.B. darauf zu achten, dass Hohlräume nicht zugeschmiert oder zugedrückt werden und damit für das Eindringmittel unzugänglich werden (Abb. 2.1). Sollte das dennoch geschehen, so können die Fehler durch Beizen wieder geöffnet werden. Auf keinen Fall werden jedoch durch das Strahlen selbst neue Fehler entstehen.

Um für eine empfindliche Prüfung einen guten Hintergrund zu erhalten, ist eine spanabhebende Bearbeitung oft unvermeidlich. In diesem Fall sind die Bearbeitungswerkzeuge entsprechend auszuwählen. Nachteilig ist oft, dass nach der mechanischen Bearbeitung Öl, Schmierfilme, Fett oder auch Rückstände von Bohrölemulsion auf der Oberfläche der

Abb. 2.1 Schnittzeichnung – Folgen der Oberflächenbehandlung durch Strahlen mit Stahlkies oder Sand [1.12]

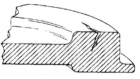

Vor dem Strahlen   **Nach** dem Strahlen

Prüfgegenstände zurückbleiben, die mit chemisch-physikalischen Vorreinigungsmethoden entfernt werden müssen.

2.1.2.2 Chemisch-physikalische Vorreinigung

Die verschiedenartigsten Reinigungsmittel lassen sich nach dem Typus der Verunreinigungen einteilen in Vorreiniger für die Entfernung von

1. Fett- u. Ölfilmen, Dichtungsmittel, Schneid- und Bearbeitungsflüssigkeiten

In diesem Zusammenhang sind hauptsächlich oberflächenaktive Reinigungsmittel, Lösemittel, Dampf, alkalische Reinigungsmittel zu nennen. Oberflächenaktive Reinigungsmittel sind nicht brennbare, wasserlösliche Gemische, die besonders ausgewählte Oberflächenbehandlungsmittel für die Benetzung, das Emulgieren und die Verseifung der Verunreinigungen enthalten. Sie können alkalisch, neutral oder basisch, jedoch nicht korrosiv sein. Die Reinigungszeit soll durchschnittlich 15 Minuten bei ca. 80°C betragen.

Organische Lösemittel in flüssiger oder in Dampfform (Dampfentfettung) sind wohl die bekanntesten und am meisten verbreitetsten Entfernungsmittel für die genannten Substanzen, haben darüber hinaus aber auch Wirkung bei anderen Verunreinigungen, welche die Eindringmittelprüfung beeinträchtigen könnten. Solche Lösemittel sollten frei von Rückständen sein, insbesondere wenn sie für den manuellen Gebrauch oder im Eintauchtank Anwendung finden. Lösemittel können brennbar und giftig sein, der Arbeits- und Umweltschutz ist zu beachten.

Öl oder Fett müssen auf jeden Fall entfernt werden, da sie die Benetzungsfähigkeit und damit die Eindringfähigkeit ungünstig beeinflussen, sich mit dem Eindringmittel mischen und dessen Eigenschaften nachteilig verändern sowie Hohlstellen so füllen können, dass das Eindringmittel nicht eindringen kann. Diesbezüglich wird die Methode der Dampfentfettung mit Per- oder Trichlorethylen insbesondere bei mechanisierter Eindringprüfung in gekapselten Prüfanlagen bevorzugt. Andere Lösemittel liegen vom Siedepunkt her so niedrig, dass ihr Einsatz bei der Dampfentfettung nicht sinnvoll ist. Nachteilig bei dieser Methode ist, dass anorganische Verunreinigungen nicht entfernt werden [2.1], dass tiefe Werkstofftrennungen wegen der relativ kurzen Kontaktzeiten nicht sehr gründlich gereinigt werden und dass das Lösungsmittel nicht aus den Arbeitsbehältern entweichen darf, so dass hohe Überwachungs- und Entsorgungskosten entstehen.

Auch alkalische Reinigungsmittel sind nicht brennbare Wasserlösungen mit aktiven Benetzungs- und Verseifungsmitteln zur Entfernung von fetthaltigen Rückständen, im warmen Zustand aber auch zur Entfernung von Rost, Zunder und Oxidschichten. Im Warmbad lassen sich demgemäß besonders sehr große unhandliche Prüfstücke behandeln. Nachteilig dabei ist, dass die Prüfstücke nach der Behandlung durch alkalische Reinigungsverfahren frei vom Reinigungsmittel gespült und gründlich getrocknet werden müssen, ehe die Eindringmittelprüfung durchgeführt werden kann. Bei der Ultraschallbadreinigung (Abb. 2.2) wird die Wirkung der Lösemittel oder der oberflächenaktiven Reinigungsmittel durch die Einwirkung von Leistungsschall verstärkt und die Reinigungszeit herabgesetzt. Der Ultraschall übernimmt dabei die Aufgabe der Badbewegung,

Abb. 2.2 Bandelin Ultraschallreinigungsgerät mit
Großflächenschwingsystem,
Edelstahlgehäuse und -wanne
und Zeitschaltuhr [2.2]

die bei den anderen Verfahren mechanisch oder manuell durchgeführt wird. Die Methode
wird zur Entfernung von Fett- und Ölfilmen mit Hilfe von organischen Lösemitteln angewendet.

2. Lacke, Farben, Harzschmutz, organische Stoffe

Farbschichten sind am wirksamsten zu entfernen durch die Anwendung von bindungslö-
senden Farbentfernern auf Lösemittelbasis oder durch alkalische Farbentferner (wasserlösliche Pulvergemische) evtl. im Warmbad bei ca. 80 bis 90°C. Die Schichten müssen
überwiegend vollständig entfernt werden, um die Oberfläche freizulegen. Nach dem Beseitigen der Farbe müssen die Prüfstücke meistens gründlich abgespült werden, um alle
Verunreinigungen aus den Ungänzenöffnungen zu entfernen.

3. Zunder, Rost, Salze, Korrosion, Oxidschichten, anorganische Stoffe

Die Entfernung solcher Rückstände erfolgt am besten durch das Beizen in Säure, sofern
keine mechanische Bearbeitung der Prüfstückoberfläche vorgesehen ist. Beizlösungen mit
Inhibitoren werden routinemäßig für das Entzundern von Oberflächen eingesetzt. Dabei
werden Oxidschichten entfernt, die die Oberflächenfehler verdecken und das Eindringen
des Prüfmittels verhindern könnten. In solchen Bädern werden auch durch mechanische
Einwirkung zugeschmierte Oberflächenrisse wieder geöffnet. Allerdings müssen die Prüf-
teiloberflächen anschließend wieder gründlich neutralisiert und getrocknet werden, bevor
die Eindringmittel aufzutragen sind. Es muss auch angemerkt werden, dass die im Beiz-
bad enthaltenen Säuren und chromsauren Salze die Fluoreszenz von fluoreszierenden Eindringmitteln beeinflussen können. Ferner muss darauf hingewiesen werden, dass bei bestimmten Werkstoffen die Möglichkeit der Wasserstoffversprödung besteht. Tabelle 2.1
gibt noch einmal einen Überblick über die Vorreinigungsmethoden, die Verunreinigungen
bzw. den Oberflächenzustand und die Reinigungsmittel.

Eine besondere Methode der Vorbehandlung von keramischen Prüfgegenständen soll an
dieser Stelle noch beschrieben werden, wenn keine der vorgenannten Methoden zur Anwendung gelangt. Bekanntlich muss bei der Prüfung von Keramik alles vermieden werden, was nachträglich die Gebrauchseigenschaften wesentlich beeinflusst. Wichtig ist in

Tab. 2.1 Vorreinigungsmethoden, Verunreinigungen und Reinigungsmittel

Vorreinigungs-methode	Verunreinigung	Reinigungsmittel
mechanisch	Rost, Zunder, Gießereisand, Kohle und ähnliche Produkte	Drehen, Fräsen, Hobeln, Bohren, Schleifen, Bürsten, Schaben, Schmirgeln, Honen, Aufreiben, Abziehen, Entgraten, Feilen, Kiesstrahlen oder die Verwendung von abrasiven Mitteln, wie Sand, Aluminiumoxid, metallischer Schrott
chemisch-physikalisch	Fett- und Ölfilme, Wachs, Dichtungsmittel, Schneid- und Bearbeitungsflüssigkeiten	oberflächenaktive Reinigungsmittel, Lösemittel, Dampfentfettung, alkalische Reinigungsmittel, Ultraschallbad
	Lacke, Farben, Harz, organische Stoffe, Schmutz	Lösemittel und alkalische Farbentferner (Warmbad)
	Zunder, Rost, Flussmittel, Dreck, Salze, Korrosion, Oxidschichten, anorganische Stoffe	Beizlösungen mit Inhibitoren

dieser Hinsicht, dass die Prüfstücke in einer sauberen oxydierenden Atmosphäre erwärmt werden, um Feuchtigkeit oder leichte organische Verschmutzungen zu vermeiden.

Für den Erfolg der Eindringprüfung ist es wesentlich, dass die Prüfstückoberflächen nach dem Vorreinigen vollständig abgetrocknet werden, so dass kein Rückstand des Reinigungsmittels das Eindringen des Prüfmittels verhindern kann. Das Trocknen kann durch Erwärmen in Trockenöfen, mit Infrarotlampen, warmer Gebläseluft oder auch nur durch Umgebungstemperatur erfolgen. Hinsichtlich der zulässigen Temperaturen gelten dieselben Regeln wie für das gesamte Verfahren der Eindringprüfung.

Werden flüssige Reiniger oder Wasser auf die Oberfläche gebracht, so muss die Oberfläche auch in den Ungänzen vor dem Auftrag des Eindringmittels abtrocknen. Selbst organische Reiniger in Rissen bei oberflächlich abgetrocknetem Prüfstück können das Eindringmittel hindern, optimal wirksam zu werden. Nach Abtrocknen der Oberfläche bei Prüfstücktemperaturen über 25°C sollte noch ca. 1 Minute, bei niedrigeren Temperaturen noch länger, bis zum Auftrag des Eindringmittels gewartet werden.

2.2   Eindringvorgang

Für das Aufbringen des Eindringmittels sind alle Techniken erlaubt, die zu einer völligen Benetzung der Prüffläche mit Eindringmittel führen. Dazu zählen u. a. Tauchen (Fluten), Sprühen, Bürsten, Pinseln. Zu berücksichtigen ist jedoch insbesondere die Form des Prüfstückes. So sollte darauf geachtet werden, dass in Hohlteilen infolge Schöpfens oder durch Pfützenbildung nicht unnötig viel Eindringmittel aufgebracht werden kann.

Eindringmittel brauchen eine unterschiedlich lange Zeit, um in eine Ungänze einzudringen. Diese Zeit hängt ab von

- der Erzeugnisform und dem Werkstoff,
- der Art der Ungänze (Breite, Tiefe, Länge),
- dem Arbeitsplatz und dem Bauteilbearbeitungszustand,
- der Art des Eindringmittels und
- der Prüftemperatur.

Die beiden zuletzt genannten Faktoren werden im Wesentlichen über die Viskosität des Eindringmittels beeinflusst.

Da das Anzeigevermögen und damit die Prüfempfindlichkeit des Verfahrens ganz entscheidend davon abhängen, ob möglichst viel Eindringmittel in die Ungänze eingedrungen ist, ist eine zu kurze Eindringzeit kritisch. Eine zu lange Eindringzeit (1h und mehr) kann jedoch auch die Prüfempfindlichkeit beeinflussen, da durch Verdampfung des Lösemittels die Viskosität zunehmen und damit die Eindringgeschwindigkeit abnehmen kann. Bei längeren Eindringzeiten ist deshalb zusätzlich darauf zu achten, dass das Eindringmittel nicht antrocknet. Die längsten Eindringzeiten müssen für Nickelbasislegierungen aufgebracht werden.

Die Eindringzeit muß daher stets für jedes Mittel, jeden Temperaturbereich und jede Prüfstückart neu festgelegt werden, z.B. in einer Prüfanweisung. Nach DIN EN 3452-1 [2.3] soll die Eindringdauer im Regelfall zwischen 5 und 30 Minuten liegen. Wird an Bauteilen geprüft, die verschiedene Werkstoffe enthalten, so sind die Eindring- und auch die Entwicklungsdauer nach dem „langsamsten Werkstoff" auszuwählen. Außerdem ist die Freiheit an korrosiven Bestandteilen nach dem empfindlichsten Werkstoff zu sichern.

Im ASME-Code und nach der amerikanischen Norm ASTM-E 165 werden die in Tabelle 2.2 aufgeführten werkstoff- und erzeugnisformabhängigen Eindring- und Entwicklungszeiten empfohlen.

Tab. 2.2 Eindring- und Entwicklungszeiten nach ASME-Code und ASTM-E 165 [2.4]

Werkstoff	Erzeugnisform	Fehlertypen	Eindring-zeit *	Entwick-lungszeit
Al, Mg, Stahl, Ms, Bronze, Ti u. Ti-Legierungen für hohe Temperaturen	Gussstücke und Schweißnähte	Kaltschweißstellen, Risse, Poren, Bindefehler	5	7
	Halbzeug, Schmiedestücke, Bleche, Stangenpressteile	Risse, Faltungen	10	7
Kunststoffe, Glas, Keramik, Hartmetallwerkzeuge	alle Erzeugnisformen	Risse	5	7

* maximale Verweilzeit des Eindringmittels 60 min.

2.3 Zwischenreinigung

Bei der Zwischenreinigung soll möglichst das gesamte Eindringmittel von der Oberfläche entfernt werden, aber möglichst alles in die Hohlräume eingedrungene Mittel in den Hohlräumen verbleiben. Bei der Anwendung von Fluoreszenz-Eindringmitteln ist es daher ratsam, eine UV-Lampe am Zwischenreinigungsplatz anzubringen, um die Wirkung der Zwischenreinigung besser kontrollieren zu können. Verbleibt überschüssiges Mittel auf der Oberfläche, so wird der weiße Entwickler gefärbt bzw. es erscheinen Anzeigen auch an solchen Stellen, unter denen keine Hohlräume liegen (Scheinanzeigen) oder es wird ein roter oder fluoreszierender Hintergrund gebildet, von dem sich Anzeigen von Ungänzen nicht genügend abheben (mangelnder Kontrast). Wird hingegen zu gründlich gereinigt, so kann auch Mittel aus den Hohlräumen herausgewaschen oder verdünnt werden (geringere Empfindlichkeit). **Eine gute Zwischenreinigung erkennt man im Allgemeinen daran, dass noch eine leichte Einfärbung des Entwicklers bzw. ein leicht fluoreszierender Schimmer auf der Prüffläche zu erkennen ist.**

Besondere Vorsichtsmaßnahmen sind immer dann zu ergreifen, wenn Reinigungsmitttel verwendet werden, die das Eindringmittel verdünnen könnten. Bei wasserabwaschbaren Eindringmitteln schreibt man daher vor, dass das Wasser eine nicht zu hohe Temperatur haben und der Wasserdruck nicht zu hoch sein darf (nach ASME-Code max. ca. 345 kPa). Bei lösemittelentfernbaren Eindringmitteln ist in der Regel Sprühen ganz untersagt und nur eine Reinigung mit lösemittelgetränktem Tuch („drucklos") zugelassen (Abb. 2.3). Im ASME-Code ist die direkte Anwendung von Lösemitteln streng untersagt. Auf jeden Fall muss die Prüfstückoberfläche nach der Anwendung wässriger Reiniger getrocknet werden. Andererseits sollte ein Prüfgegenstand nach der Zwischenreinigung nicht übermäßig getrocknet werden, weil das Eindringmittel zu sehr antrocknen könnte und weil

Zwischenreinigung mit Lösemittelauftrag   Zwischenreinigung mit Wasserbrause

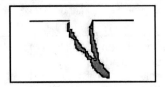   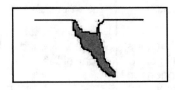

Zwischenreinigung mit Wasserbrause   Zwischenreinigung durch Abwischen
           nach dem Emulgieren   mit trockenem angefeuchtetem Tuch

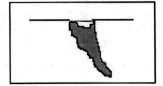   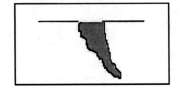

Abb. 2.3 Gefahren bei verschiedenen Zwischenreinigungstechniken [1.12]

Abb. 2.4 Aufbringen des
Emulgators [1.12]

das Anzeigevermögen für kleine Fehler evtl. stark verringert wird. Fällt bei der Zwischenreinigung Spülwasser an, so dürfen keine Eindringmittelreste verbleiben.

Um lösemittelentfernbare Eindringmittel wasserabwaschbar zu machen, wird nach dem
Aufbringen des Eindringmittels Emulgator durch Tauchen auf das Eindringmittel aufgebracht oder aufgesprüht (Abb. 2.4). Dieser braucht eine gewisse Zeit, um von der Grenzfläche Eindringmittel/Emulgator durch den Eindringmittelfilm bis zur Werkstückoberfläche vorzudringen. Diese Zeit ist die **Emulgierzeit**.

Wasserabwaschbare Eindringmittel besitzen dagegen bereits eine emulgierende Wirkung und müssen deshalb vor der Zwischenreinigung nicht erst noch emulgiert (nach-
emulgiert) werden.

Bei exakter Einhaltung der Emulgierzeit ist das gesamte Eindringmittel auf der Oberfläche wasserabwaschbar geworden, alles Eindringmittel in den Ungänzen hingegen nur
lösemittelabwaschbar. Erfolgt also der Waschvorgang mit Wasser exakt nach Ablauf der

Abb. 2.5 Wirkungsweise des Emulgators bei der Vorbereitung der Abwaschbarkeit des überschüssigen Eindringmittels [1.12]

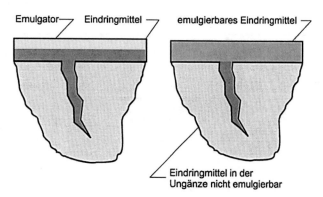

Abb. 2.6 Vergleich der Eindringmitteltypen [1.12]

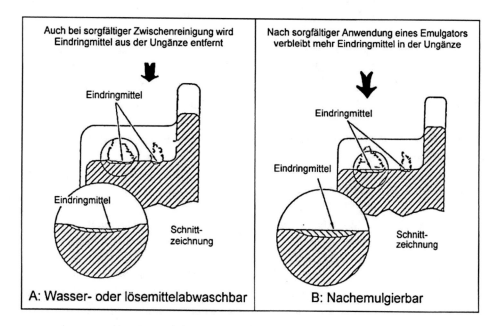

Emulgierzeit, so kann kein Eindringmittel aus den Ungänzen herausgewaschen werden (Abb. 2.5).

Die nachemulgierbaren Eindringmittel sind am empfindlichsten, wenn die Emulgierzeit genau durch Versuche bestimmt wurde und exakt eingehalten wird und die Werkstückoberfläche nicht zu rau ist, damit sich die Emulgierzeit auch genau festlegen lässt. In diesem Fall lassen sich auch flache Hohlstellen mit großer Öffnungsbreite nachweisen, die bei wasserabwaschbaren Eindringmitteln bei der Zwischenreinigung ausgewaschen würden (Abb. 2.6).

Tab. 2.3 Zwischenreinigungsarten für verschiedene Eindringmittelsysteme [1.12]

Farbeindringmittelsysteme	Fluoreszierende Eindringmittelsysteme
Wasser	Wasser
Wasser, hydrophiler Emulgator, Wasser	Lösemittel
Lipophiler Emulgator, Wasser	Wasser, hydrophiler Emulgator, Wasser
Lösemittelbasis	Kombination von Wasser und Lösemittel

In Abhängigkeit vom Prüfmittelsystem können die in Tabelle 2.3 aufgeführten Zwischenreinigungsarten angewendet werden.

Um bei Anwendung fluoreszierender Eindringmittelsysteme möglichst hintergrundfrei, also ohne leuchtenden Hintergrund arbeiten zu können, sollte die Zwischenreinigung unter UV-Strahlung durchgeführt werden. Nach DIN EN ISO 3452-1 [2.3] beträgt die Mindestbestrahlungsstärke bei der Zwischenreinigung 3 W/m^2 bei max. 150 lx Fremdlichteinfluss. Ziel der Zwischenreinigung ist das Erreichen einer Prüfstückoberfläche, die einen optimalen Kontrast zwischen Anzeigen und Hintergrund ergibt.

2.4   Entwicklung

2.4.1   Wirkung des Entwicklers

Der Entwickler hat die Aufgabe, das in den Ungänzen befindliche Eindringmittel wieder herauszusaugen. Dazu ist er in der Lage, weil sich zwischen den Entwicklerkörnern und in den porösen Körnern Hohlräume befinden, die noch enger als die zu untersuchenden Ungänzen sind. Diese engeren „Kapillaren" haben damit eine größere Saugwirkung als die Ungänzen. Ist der Entwickler **nicht zu dick** aufgetragen worden, wird das Eindringmittel an die Entwickleroberfläche gesaugt, wo es dann sichtbar ist bzw. sichtbar gemacht werden muss. Wird der Entwickler dagegen **zu dünn** aufgetragen, kann er seine Saugwirkung nicht voll entfalten. Man sagt daher, der Entwickler soll gleichmäßig so aufgetragen werden, dass die Metalloberfläche gerade noch durchschimmert.

Die Effektivität der Eindringprüfung hängt stark von dem Herausziehen des Eindringmittels durch den Entwickler ab. Die hydrodynamischen Vorgänge beim Entwicklungsprozess sind bekannt und ermöglichen die Beschreibung der zeitabhängigen Anzeigenbildung sowie der Ermittlung der Prüfempfindlichkeit. Der Vorgang der Anzeigenbildung bei einem Trockenentwickler wird folgendermaßen beschrieben [2.5]:

- Eindringmittelfluss im Fehler in Abhängigkeit vom Fehlertyp,
- Eindringmittelfluss in der porösen Entwicklerschicht entlang der Oberfläche in Abhängigkeit von den Eigenschaften des Entwicklers,

Abb. 2.7 Die Hauptwirkungen des Entwicklers [1.12]

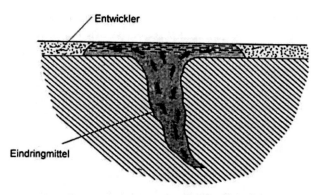

Anzeigenentwicklung durch Kapillarwirkung

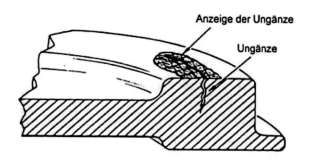

Vergrößerungseffekt bei der Entwicklung

- Massenerhaltungsbedingung, d.h. die Konstanz der Masse des Eindringmittels im Gesamtsystem: Fehler-Entwickler.

Bei Farb-Eindringmitteln hat der Entwickler noch die Funktion eines Kontrastmittels. Das (meist) rote Eindringmittel wird erst dadurch gut sichtbar, dass es sich gegen die weiße Farbe des Entwicklers deutlich abhebt. Man spricht daher auch oft vom „**Ausbluten**" des Eindringmittels. Die Wirkungen des Entwicklers, die Kapillarwirkung und der Vergrößerungseffekt sind in Abb. 2.7 dargestellt.

2.4.2 Trocknung vor dem Aufbringen des Entwicklers

Vor dem Aufbringen eines Trocken- oder eines Nassentwicklers auf Lösemittelbasis bedürfen die Oberflächen des Prüfstücks einer Trocknung, wenn bei der Zwischenreinigung Wasser benutzt wurde. Dieser Trocknungsvorgang kann kritisch sein, weil bei zu hohen Temperaturen oder zu langen Trocknungszeiten auch das Eindringmittel in den Ungänzen antrocknen oder sich zumindest verdicken kann. Es kann daher sinnvoller sein, in solchen Fällen Nassentwickler auf Wasser- oder Alkoholbasis zu verwenden. Wird hingegen Lösemittel bei lösemittelabwaschbaren Eindringmitteln für die Zwischenreinigung verwendet, so verdampft dies schneller und der Entwickler darf praktisch unmittelbar aufgebracht werden. Am besten ist die Entfernung des Eindringmittels durch Abwischen mit einem sauberen, trockenen, nichtfasernden Tuch oder durch begrenztes Tocknen im Luftstrom evtl. bei erhöhter Temperatur (Föhn).

2.4.3 Aufbringen von Entwickler

Unabhängig von der Methodik des Aufbringens von Entwicklersubstanzen auf die Prüfstückoberflächen erwartet man bei der Eindringprüfung eine gleichmäßig dünne Entwicklerschicht als Kontrasthintergrund zu den Anzeigen und zur Fixierung der Anzeigen. In Tabelle 2.4 sind einige Methoden zum Aufbringen des Entwicklers aufgeführt.

2.4.4 Trockenentwickler

Trockenentwickler darf nur auf eine trockene Oberfläche aufgebracht werden. Die Aufbringetechniken sind Aufstäuben mit Puder-Zerstäuber, Sprühpistole, Wirbeltopf, Elektrostatische Verfahren, Verteilen mit einem extrem feinhaarigen Pinsel (Puderquast). Die Entwicklungszeit beginnt unmittelbar nach dem Aufbringen, da der Entwickler sofort seine Saugwirkung entfaltet. Trockenentwickler hat den Nachteil, dass man ihn meist nicht so fein und gleichmäßig auf der Oberfläche verteilen kann (Ausnahme elektrostatisches Aufbringen). Der dadurch bedingte Mangel an Prüfempfindlichkeit führt lt. ASME dazu, dass

Tab. 2.4 Methoden zum Aufbringen des Entwicklers [1.12]

Entwicklersysteme	Aufbringmethodik
Nassentwickler auf Lösemittelbasis	Aerosoldose
Nassentwickler auf Lösemittelbasis	Sprühsystem mittels Pumpe
Nassentwickler auf Lösemittelbasis	Sprühsystem mittels Luftpistole
Nassentwickler auf Wasserbasis	Sprühsystem mittels Niederdruck
Nassentwickler auf Wasserbasis	Tauchverfahren
Nassentwickler auf Lösemittelbasis und Trockenentwickler	Elektrostatisches Sprühsystem
Trockenentwickler	Wirbelkammer
Trockenentwickler	Sinterkammer

Trockenentwickler nur im Zusammenhang mit den wiederum sehr empfindlichen Fluoreszenz-Eindringmitteln zugelassen sind.

2.4.5 Nassentwickler

Nassentwickler sind hingegen in organischen Lösemitteln oder im Wasser aufgeschlemmt (vor Anwendung Behälter gut umrühren oder Dose gut schütteln!). Durch Sprühen lassen sie sich dünn und gleichmäßig auf der Oberfläche verteilen. Der Entwickler kann aber seine Saugwirkung erst entfalten, wenn die Trägerflüssigkeit verdampft ist, d.h. der Entwickler trocken ist. Insbesondere bei Nassentwicklern auf Wasserbasis ist darauf zu achten, dass die Entwicklungszeit erst nach dem vollständigen Trocknen des Entwicklers beginnt.

2.4.6 Entwicklungsdauer

Nach DIN EN ISO 3452-1 [2.3] sollte die Entwicklungsdauer zwischen 10 und 30 Minuten betragen. Eine längere Entwicklungsdauer darf zwischen den Vertragspartnern vereinbart werden und kann nützlich sein, wenn sehr kleine Ungänzen ausgewertet werden sollen und wenn der Werkstoff eine normale Rückbenetzung nicht zulässt. Die Entwicklungsdauer beginnt

- bei Verwendung von Nassentwicklern sofort nach dem Trocknen und
- bei Verwendung von Trockenentwicklern sofort nach dem Auftragen.

Allgemein ist nach der Verfahrensnorm ASTM-E-165 die Entwicklungszeit frühestens nach 7 Minuten, spätestens aber nach 30 Minuten abgeschlossen.

Die dargestellten Zusammenhänge zur Anzeigenbildung ermöglichen auch die Ermittlung der Entwicklungszeit in Abhängigkeit von den Fehlerabmessungen und den Eigenschaften des Prüfmittels [2.5].

2.5 Auswertung (Inspektion)

2.5.1 Zeitpunkt der Auswertung

Die sog. Entwicklungszeit ist maßgebend für den Beginn der Auswertung, da man bei der Entwicklung einer Anzeige über die Zeit die meisten Informationen über ihre Größe und Form erhält. Nach dem Auftrag des Trockenentwicklers bzw. unmittelbar nach dem Antrocknen des Nassentwicklers beginnt unmittelbar die Auswertungszeit. Bei unbekannten Bauteilen sollte sich die Auswertung über die gesamte Entwicklungszeit erstrecken. Der abschließende Befund sollte am Ende der Entwicklungszeit festgestellt und protokolliert werden. Bei sehr hoch beanspruchten Werkstoffen werden t.w. sogar mehrere Auswertungszeitpunkte vorgeschrieben (KTA 3201.3 [2.6]).

Bei Prüfung in Serienfertigung kann es genügen, den Befund am Ende der Entwicklungszeit zu beurteilen. Da es darum geht, aus Form, Größe und Lage von Anzeigen auf reale Ungänzen und deren Bedeutung für die Verwendbarkeit des Bauteils zu schließen, genügt die abschließende, einmalige Betrachtung der Anzeigen nur dann, wenn genügend Erfahrung bezüglich der auftretenden Ungänzen vorliegt. Eine an der Oberfläche liegende Pore kann eine Menge Eindringmittel enthalten und wird nach einer Stunde eine große runde Anzeigenfläche ergeben (Abb. 2.8). Ähnlich kann auch die Anzeige eines tiefen Risses aussehen. Im Anfangsstadium des Ausblutens können solche Ungänzen zu völlig verschiedenen Anzeigeformen, z.B. zu einer runden oder länglichen Anzeige führen. Daher wird die Auswertung im frühen Stadium der Entwicklung aussagekräftiger für die Bauteilbeurteilung sein.

Einfluss auf die Anzeigenform haben neben der Entwicklungsdauer auch die Ausbildung des Hohlraumes der Ungänze, die Menge des eindringfähigen Prüfmittels und damit die Saugwirkung des Entwicklers, die wiederum von dessen Art und Körnigkeit abhängig sind. Feinkörnige Entwickler saugen das Eindringmittel besser aus den Hohlräumen als grobkörnige, wobei die jeweils aufgenommene Menge an Entwickler entscheidend von der Öffnung und der Geometrie des Ungänzenspaltes bzw. -hohlraumes abhängen. Am optimalsten ist die Situation, wenn die Menge des herausgesogenen Eindringmittels gerade ausreicht, um von der Ungänze gerade eine Anzeige zu erzeugen, wenn also nicht zuviel Eindringmittel im Laufe des Entwicklungsvorganges ausblutet.

Die Entwicklungszeit sollte bei Serienfertigung zunächst an einem aussagefähigen Teststück aus der Produktion für jede Serie neu und in der Prüfanweisung festgelegt werden. Allgemein ist nach der Verfahrensnorm ASTM-E-165 die Entwicklungszeit frühestens nach 7 Minuten, spätestens aber nach 30 Minuten abgeschlossen. Die Anzeigengröße zu diesem Zeitpunkt ist dann maßgebend für die Feststellung des Befundes. Blutet die Anzeige noch weiter aus, so ist das nicht mehr maßgebend für die Feststellung der Anzeigengröße. Blutet ein Anzeigentypus nachweislich nach 30 min. nicht weiter aus, so darf auch zu einem späteren Zeitpunkt beurteilt werden. Nach DIN EN ISO 3452-1 [2.3] liegt

Abb. 2.8 Dynamik der Anzeigenform in Abhängigkeit von der Entwicklungsdauer [1.12]

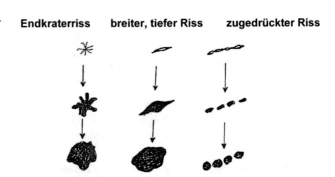

Endkraterriss   breiter, tiefer Riss   zugedrückter Riss

die Eindringdauer im Regelfall zwischen 10 und 30 Minuten. Damit gibt es eine weitgehende Übereinstimmung mit dem ASME-Code [2.4] .

2.5.2 Auswertungsbedingungen

Ganz allgemein gilt der Grundsatz: **Je besser die Auswertungsbedingungen sind, um so eher wird eine Anzeige gefunden.** Bei Farb-Eindringmitteln sollte daher die Beleuchtungsstärke (Helligkeit des künstlichen oder Tageslichtes) möglichst groß sein, jedoch nicht so groß, dass man sich beim Betrachten der weißen Fläche geblendet fühlt. Die Maßeinheit für die Beleuchtungsstärke ist das Lux (lx).

Man hat zur Messung der Beleuchtungsstärke Anzeigeinstrumente mit Photozellen zur Verfügung, das Luxmeter. Es besteht aus einer ebenen Sonde und dem elektrischen Anzeigeinstrument. Die Sonde wird flach auf die Bauteiloberfläche gelegt und der Wert am Instrument abgelesen. **Optimal sind Werte um 1000 lx,** DIN EN ISO 3452-1 fordert Betrachtungsbedingungen, wie sie in DIN EN ISO 3059 [2.7] beschrieben sind, d.h. bei UVA-Strahlung mindestens 1000 W/m^2 und abgedunkelte Räume mit maximal 20 lx Fremdlichtbeleuchtungsstärke. Bei Farbeindingmitteln wird eine Beleuchtungsstärke von min. 500 lx auf der Prüfstückoberfläche vorgeschrieben. Der ASME-Code bzw. ASTM-E-165 [2.4] schreiben Mindestwerte von 360 lx vor.

Fluoreszierende Anzeigen werden nicht aufgrund ihres Farbkontrastes, sondern aufgrund des Leuchtdichtekontrastes Anzeige – Umfeld wahrgenommen. Dabei hat das Fluoreszenz-Eindringmittel die Fähigkeit, auf die Oberfläche auffallende unsichtbare UV-Strahlung in sichtbares Licht umzuwandeln. Diese Fähigkeit nennt man **Fluoreszenz.** Das Umfeld bleibt dabei dunkel oder dunkelviolett, die Anzeige leuchtet jedoch hellgelb. Je dunkler das Umfeld der Anzeige, also je weniger fremdes Licht auf die Oberfläche fällt, desto deutlicher ist die Anzeige wahrnehmbar.

Das Maß für die Sehleistung eines Prüfers ist die Sehschärfe. Sie erlaubt zwei Anzeigen noch getrennt wahrzunehmen und hängt von den Betrachtungsbedingungen und den Eigenschaften des Objektes ab. Die Sehschärfe hängt ab [2.12]

- vom Kontrast (K) der Leuchtdichten der Anzeigen (L_a) und des Umfeldes (L_u) mit K = ($L_a - L_u$)/L_u. Die Sehschärfe nimmt mit dem Kontrast zu.
- von der Adaptionsleuchtdichte (L_{ad}), auf die sich das menschliche Auge einstellt und die der mittleren Leuchtdichte des Gesichtsfeldes entspricht. Die Sehschärfe nimmt mit der Adaptionsleuchtdichte zu.
- von der Anzeigengröße. Die Sehschärfe nimmt mit der Anzeigengröße zu.
- von der Darbietungszeit, der Zeit während der eine Anzeige gesehen wird. Die Sehschärfe nimmt mit der Darbietungszeit zu.
- Von der Wahrnehmungswahrscheinlichkeit mit der eine Anzeige unter den Betrachtungsbedingungen wahrgenommen werden kann.

Abb. 2.9 Schwellenkontrast
(dK) in Abhängigkeit von der
Adaptionsleuchtdichte (L_{ad})
und der Anzeigengröße (β)
[2.12]

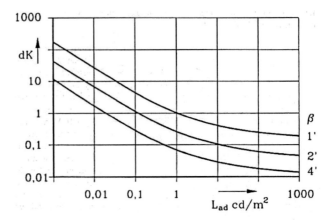

Diese Zusammenhänge gehen auf empirische Ergebnisse zurück, die heute von der internationalen Beleuchtungskommission (CIE) als Grundlage für die Bewertung von Sehleis-
tungen empfohlen werden [2.13]. Quantitativ kann die Sehleistung mit Hilfe des Schwel-
lenkontrastes (dK) beschrieben werden, dem kleinsten Kontrast, bei dem eine Anzeige gerade noch wahrgenommen werden kann. Der Schwellenkontrast wird zumeist in
Abhängigkeit von der Adaptionsleuchtdichte und der Anzeigengröße dargestellt (Abb.
2.9).

2.5.3 Anforderungen an den Prüfer

Auch bei optimalem Verfahrensablauf hängt die Richtigkeit eines Befundes immer davon
ab, ob der Betrachter eine Anzeige mit dem Auge auch richtig wahrnehmen kann oder
nicht. Dazu muss er ein ausreichendes Nahseh- und Farberkennungs- sowie Farbunter-
scheidungsvermögen besitzen, aber ggfls. auch seine Augen an die jeweiligen Lichtverhältnisse gewöhnen. Die Nah- und Farbsehfähigkeit des Prüfers muss nach DIN EN ISO
9712 [2.8], dem ASME-Code sowie nach SNT-TC-1A [2.9] regelmäßig einmal im Jahr
überprüft werden. Für das Nahsehvermögen wird die Jaeger-Tafel oder gleichwertiges gefordert; zur Prüfung des Farbsinnes eignen sich Ishihara-Tafeln oder gleichwertiges.

Der Nachweis von Anzeigen bei der Eindringprüfung erfolgt durch Sichtprüfung. Die
Wahrscheinlichkeit, mit der ein Objekt oder ein Detail nachgewiesen wird, hängt von seiner Erkennbarkeit ab, die eine komplexe Funktion des Sehvorganges ist. Sie ist in erster
Linie abhängig von der Größe und Form des Objektes und dem Leuchtdichtekontrast zwischen dem Objekt und dem Umfeld. Weitere Einflussgrößen sind die Adaptionsleuchtdichte, auf die sich das Auge einstellt (Gesichtsfeldleuchtdichte) und die Darbietungszeit
[2.11]. Die Anzeigenerkennung hängt im besonderen Maße von den Betrachtungsbedingungen ab, deren Mindestanforderungen für die Eindringprüfung in DIN EN ISO 3059

[2.7] festgelegt sind. In Abhängigkeit von den Betrachtungsbedingungen lassen sich Angaben über die kleinsten noch nachzuweisenden Anzeigen machen (Nachweisgrenze).

Der Mensch besitzt mit seinen Augen die Fähigkeit bei normaler Helligkeit Farben
wahrzunehmen und bei Dunkelheit auch noch kleine Helligkeitskontraste zu unterscheiden. Diese Fähigkeit ist nicht gleichmäßig vorhanden; er muss sein Auge jeweils auf die
Umgebungsbedingungen umstellen, d.h. er muss adaptieren (sich anpassen), was allgemein einige Minuten dauert. Daher sind für die Auswertung fluoreszierender Anzeigen
(d.h. bei der Auswertung bei Dunkelheit) einige Minuten Adaptionszeit einzuhalten. Fo-
tochromatische Brillen dürfen lt. DIN EN ISO 3452 nicht getragen werden. Darüber hinaus darf UV-Strahlung nicht direkt die Augen des Prüfers treffen und alle Oberflächen, die
vom Prüfer gesehen werden können, dürfen nicht fluoreszieren. So darf z.B. Papier oder
Kleidung, die unter UV-Strahlung fluoreszieren, nicht in Sichtweite des Prüfers aufbewahrt werden.

2.6 Endreinigung

Nach Beendigung des Prüfvorgangs ist eine weitere Reinigung der Prüfoberfläche notwendig. Da das Eindringmittel und/oder der Entwickler in einigen Fällen die Verwendbarkeit des Bauteils nachteilig beeinflussen, aber auch nach längerer Verweilzeit zu Irrita-
tionen durch Scheinanzeigen o. ä. führen kann, sollte nach der Prüfung so schnell wie
möglich beides wieder von den Oberflächen entfernt werden. Dies geschieht je nach Entwickler und Eindringmittel entweder durch Abspülen/Absprühen mit Wasser, durch Abspülen mit Lösemittel, durch Abblasen mit Pressluft oder auf mechanischem Wege, z.B.
durch Abwischen oder Abbürsten.

Die Reinigung nach der Eindringmittelprüfung ist auch erforderlich, weil Korrosion
vermieden werden muss, weil vor dem Aufbringen einer Farb- oder Lackschicht oder der
Oberflächenveredelung, z.B: durch Galvanisieren, trockene saubere und möglichst metallisch blanke oder zumindest durchgängig feste Oberflächen vorliegen müssen. Bei korro-
sionsanfälligen Teilen ist es bei Verwendung von Wasser zum Reinigen ratsam, dem Wasser Antirostschutz-Inhibitoren zuzusetzen und die Oberfläche danach zu konservieren,
z.B. durch Einölen. Abb. 2.10 zeigt abschließend ein Flussdiagramm für den Verfahrensablauf bei der Eindringmittelprüfung.

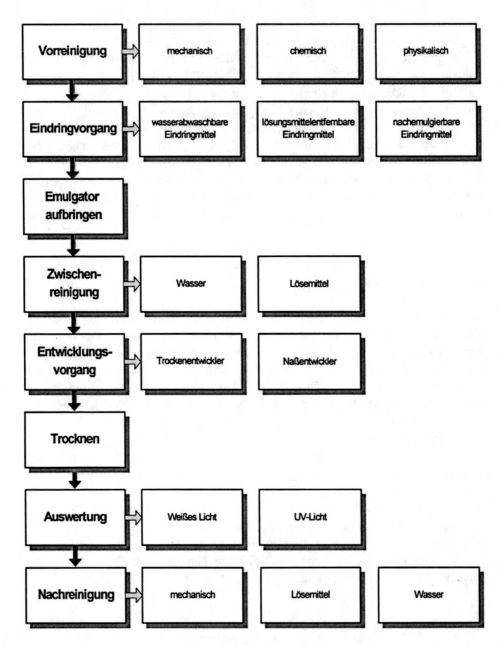

Abb. 2.10 Flussdiagramm zur Eindringmittelprüfung nach ASME-Code [2.11]

Literatur

[2.1] Berg, H. W., 60 Jahre Eindringprüfung- Die Entwicklung begleitenden Informationen der DGZfP, DGZfP-Jahrestagung Garmisch-Partenkirchen (1993);

[2.2] Bandelin Sonorex, Bedienungsanleitung zum Ultraschallreinigungsgerät Super;

[2.3] DIN EN ISO 3452-1, ZfP, Eindringprüfung, Allgemeine Grundlagen, Sept. 2013;

[2.4] ASME-Code und ASTM-E 165, 2002;

[2.5] Prokhorenko, Migoun, Adler, Defectoscopiya No 7, 1985;

[2.6] KTA 3201.3, ZfP, Komponenten des Primärkreises von Leichtwasserreaktoren;

[2.7] DIN EN ISO 3059, Eindring- und Magnetpulverprüfung, Betrachtungsbedingungen, März 2013;

[2.8] DIN EN ISO 9712, Qualifizierung und Zertifizierung von Personal der zerstörungsfreien Prüfung, Dez. 2012;

[2.9] SNT-TC-1A, Qualifizierung und Zertifizierung von Personal der zerstörungsfreien Prüfung 2011;

[2.10] Schiebold, Skript PT3 LVQ-WP Werkstoffprüfung GmbH;

[2.11] Stadthaus, Evaluation oft he viewing conditions in fluorescent magnetic particle and penetrant testing, INSIGHT 39 (1997);

[2.12] Stadthaus, Haeger, Einfluss der Betrachtungsbedingungen auf die Prüfsicherheit bei fluoreszierenden Prüfmitteln, DGZfP-Jahrestagung Celle (1999);

[2.13] CIE-Publikation No. 19/1, 19/2. Volume I, Volume II 1981;

Prüfmittelsysteme

3

3.1 Prüfmittel

Der Begriff Prüfmittel bezeichnet bei der Eindringprüfung das Prüfmittelsystem. Beim Eindringverfahren können verschiedene Prüfmittelsysteme verwendet werden. Unter einem **Prüfmittelsystem** versteht man im Allgemeinen die **Kombination der Prüfmittel Reiniger, Eindringmittel, Emulgator Zwischenreiniger und Entwickler**. Es kommt für eine optimale Prüfung darauf an, dass in einem Prüfmittelsystem alle Prüfmittel aufeinander abgestimmt sind. Es sollten deshalb vorwiegend Prüfmittel **eines** beliebigen Herstellers verwendet werden, die dieser als Prüfmittelsystem ausweist. Vom Vermischen von Prüfmitteln wird in den Normen und Regelwerken abgeraten. Der Nachweis für ein bestimmtes Prüfmittelsystem wird vom Hersteller mittels eines Musterzeugnisses einer unabhängigen Prüfstelle und für die einzelnen Prüfmittel anhand von Chargenzeugnissen und von Sicherheitsdatenblättern erbracht.

3.1.1 Eindringmittel

Die Eigenschaften der Eindringmittel für den zuverlässigen Nachweis feiner Oberflächenungänzen sind bereits dargestellt worden. Die Eindringmittel unterscheiden sich jedoch auch durch ihr Farb- und Lichtverhalten und durch die Art der Entfernbarkeit nach dem Eindring- und vor dem Entwicklungsvorgang.

Nach ihrem Farb- und Lichtverhalten können die Eindringmittel eingeteilt werden in Fluoreszenz- und Farb-Eindringmittel. Die Farben, die das menschliche Auge wahrnimmt, entstehen aus der selektiven Absorbtion des einfallenden Tageslichts. Werden Anteile des sichtbaren Lichtes absorbiert, so entsteht eine sichtbare Farbe, die von der Wellenlänge des übertragenen oder reflektierten Lichtes abhängt. Bei herkömmlichen Farben regt das absorbierte Licht den betreffenden Stoff zu höheren Energiezuständen an, was in zunehmen-

K. Schiebold, *Zerstörungsfreie Werkstoffprüfung – Eindringprüfung,*
DOI 10.1007/978-3-662-43809-1_3, © Springer-Verlag Berlin Heidelberg 2014

den Bewegungen, Kollisionen und Schwingungen von Molekülen seinen Ausdruck findet oder zu chemischen Reaktionen führen kann.

Bestimmte Stoffe besitzen die Eigenschaft, unsichtbare UV-Strahlung in sichtbares Licht umzuwandeln und wieder auszusenden. Diese Eigenschaft des Selbstleuchtens heißt Fluoreszenz [3.1], weil sie beim Fluorit oder Flussspat besonders gut zu beobachten ist. **Fluoreszenz** ist die spontane Emission von Licht kurz nach der Anregung eines Materials. Dabei ist das emittierte Licht energieärmer als das vorher absorbierte. Fluoreszenz wurde erstmals 1852 von George Gabriel Stokes beschrieben. Das Wort „Fluoreszenz" leitet sich von dem fluoreszierenden Mineral Fluorit (Flussspat, Calciumfluorid, CaF_2) ab. Die Fluoreszenz ist einzuordnen in den Oberbegriff der Luminiszenz. Darunter versteht man Leuchterscheinungen eines Körpers, die nicht durch die Temperatur hervorgerufen werden. Das ist die Bezeichnung für Licht, das bei Elektronensprüngen von kernferneren auf kernnähere Bahnen entsteht. Diese Strahlung enthält ganz bestimmte Wellenlängen, die also vom Atomaufbau des jeweiligen Stoffes abhängen. Jedes Elektron muss vor einem Übergang zu einer kernnäheren Bahn erst durch Energiezufuhr auf die kernfernere Bahn gebracht werden.

Das europäische Regelwerk lehnt bei höheren Bestrahlungsstärken proportional höhere Beleuchtungsstärken mit der Begründung ab, dass in diesem Fall eine Sättigung der Fluoreszenz eintritt und die Anzeigenleuchtdichte wäre nicht mehr proportional der UV-Bestrahlungsstärke [3.2]. Weitere diesbezügliche Untersuchungen sind, falls diese Thesen widerlegt werden könnten, von Vorteil, weil bei den Baustellenprüfungen mit fokussierten Handlampen geringere Abdunkelungen erforderlich wären.

Es gibt sehr unterschiedliche Prüftechniken in der Eindringprüfung, die je nach Größe und Geometrie des Bauteils, Oberflächenzustand, Art der aufzufindenden Fehler, Werkstoff und Auswertungsbedingungen angewendet werden. Jede Prüftechnik kann nach System und Typ gekennzeichnet werden. Das System bezieht sich auf die Art der Eindringmittel, wie z.B. Farb-, Fluoreszenz oder Fluoreszenzhindernde-Eindringmittel. Typische Eigenschaften dieser Prüfmittelsysteme während der Anwendung und Auswertung zeigt Tabelle 3.1.

Bestimmte Stoffe besitzen die Eigenschaft, unsichtbare UV-Strahlung in sichtbares Licht umzuwandeln und wieder auszusenden. Diese Eigenschaft des Selbstleuchtens heißt Fluoreszenz, weil sie beim Fluorit oder Flussspat besonders gut zu beobachten ist. Je nach Art der Energiezufuhr werden folgende Arten der Luminiszenz unterschieden [3.3]:

- Chemoluminiszenz als chemischer Vorgang bei Fäulnisprozessen,
- Fluoreszenz als Bestrahlung mit elektromagnetischen Wellen oder durch Kernteilchen-Strahlung von Elektronen, (-Teilchen, Protonen u. a. m.,
- Phosphoreszenz als Nachleuchten von gespeicherter Energie,
- Elektroluminiszenz als Leuchten bei elektrischer Anregung.

Bei der Fluoreszenz unterscheidet man wiederum die Ultraviolett – Fluoreszenz und die Tageslicht – Fluoreszenz, je nachdem, auf welche Wellenlängen die entsprechenden Stof-

Tab. 3.1 Einteilung von Eindringprüfmitteln nach D.H.F. Kaiser [3.2]

| Prüf-mittel-system | Typische Eigenschaften der Prüfmittelsysteme | | | | | |
| | während der Anwendung | | | während der Auswertung | | |
	Beleuchtung	Eindring-mittel	Ent-wickler	Beleuchtung Bestrahlung	Grund-fläche	Anzeigen
Farbig[1]	Tages-(Weiß)-Licht	farbig (rot, grün, blau)	weiß	Tages-(Weiß)- Licht	weiß	rot, grün, blau
Fluores-zierend[1]	Tages-(Weiß)-Licht	farblos	weiß	UV-(Schwarz) - Licht	dunkel-violett	hell farbig-fluoreszie-rend
Farbig + fluores-zierend[1]	Tages-(Weiß)-Licht	farbig (rot)	weiß	Tages-(Weiß)- Licht	weiß	rot,
				UV-(Schwarz) - Licht	dunkel-violett	hell farbig-fluoreszie-rend
Fluores-zenz-hindernd	Tages-(Weiß)-Licht	farblos	weiß	UV-(Schwarz) - Licht	hell weiß fluoreszie-rend	dunkel (schwarz)
Farbig + fluores-zenz hindernd	Tages-(Weiß)-Licht	farbig (rot)	weiß	Tages-(Weiß)- Licht	weiß	rot
				UV-(Schwarz) - Licht	hell weiß fluoreszie-rend	dunkel (schwarz)

[1] Nach ASME-BPV-Code ausschließlich zugelassen.

fe reagieren, ob sie nur auf ultraviolette Strahlung ansprechen oder gleichzeitig auch auf die kurzen Wellenlängen des sichtbaren Lichtes. Die Dauer des fluoreszierenden Nach-leuchtens beträgt etwa 10^{-8} Sekunden. Zu den fluoreszierenden Stoffen gehören viele Mineralien, künstliche anorganische Leuchtstoffe oder auch synthetische Schmucksteine. Ein Teil dieser Substanzen fluoresziert grundsätzlich auch im reinen Zustand, andere Gruppen nur durch Beimengung von Fremdstoffen, sogenannten Aktivatoren, welche die Energie der UV-Strahlung absorbieren. Die farbgebenden Komponenten der fluoreszierenden Stoffe sind in Tabelle 3.2 auszugsweise dargestellt.

In Tabelle 3.3 sind darüber hinausgehend Mineralien mit ihren Fluoreszenzfarben unter Anregung von UVA – und UVC – Licht zusammengestellt.

Farb-Eindringmittel wirken durch ihre intensive, meist rote Farbe und ergeben auf wei-ßem Entwickleruntergrund einen guten Kontrast. Es gibt auch grün, blau oder gelborange eingefärbte Farb-Eindringmittel. Die Farb-Eindringmittel sind leichter und ohne besonde-

Tab. 3.2 Leuchtfarben unter UV-Strahlung nach H. Berg [3.3]

Farbgebende Stoffe	Leuchtfarben unter UV-Strahlung
Cadmiumborat	rot
Cadmium Silicat mit Manganzusatz	gelb-orange
Calciumfluorid mit seltenen Erden	blau
Calciumwolframat	rosaviolett-bläulich
Magnesiumwolframat	weißlich-blau
Strontiumsulfid mit Wismut	blau-grün
Zink-Cadmiumsulfid mit Silber	gelb
Zinksulfid mit Kupfer	gelb-grün

Tab. 3.3 Leuchtfarben unter UV-Strahlung nach H. Berg [3.3]

Mineralien	Farbe unter UVA (360 nm)	Farbe unter UVC (254 nm)
Mangancalcit	rosa	rosa
Wernerit	orange- gelb	gelblich
Fluorit	blau	lila
Scheelit	-	hellblau
Semi-Opal	grün-gelb	grün-gelb
Uraninit	grün-gelb	grün-gelb
Calcedon	weißlich-gelb-opak	grünlich-opak
Calcit	grün-weiß	weiß, grüne Phosphoreszenz

re Vorbereitungen handhabbar (Baustelle). Fluoreszenz-Eindringmittel enthalten solche Stoffe, die die unsichtbare UV-Strahlung „verschluckt", diese in sichtbares Licht umwandelt und wieder aussendet.

Im großen Spektrum der elektromagnetischen Strahlung (Abb. 3.1) vermag es also aus kurzwelligerer energiereicherer UV-Strahlung langwelligeres energieärmeres sichtbares Licht zu machen. Überall, wo dieser Stoff an der Oberfläche des Bauteils haftet, wird die auftreffende UV-Strahlung in sichtbares Licht umgewandelt. Bei genügender Abdunkelung des Umgebungslichtes ergibt sich die Anzeige damit aus dem Leuchtdichtekontrast: helle Anzeige – dunkles Umfeld.

Überwiegend werden Fluoreszenzfarben im gelb-grünen Spektralbereich verwendet. Gelb-Grün-Fluoreszenz ist auch deshalb vorteilhaft, weil die Rissbetrachtung wegen der dann besseren Sichtbarkeit zumeist in abgedunkelten Prüfkabinen ausgeführt wird. Das menschliche Auge hat in dunkler Umgebung seine höchste Empfindlichkeit in diesem Be-

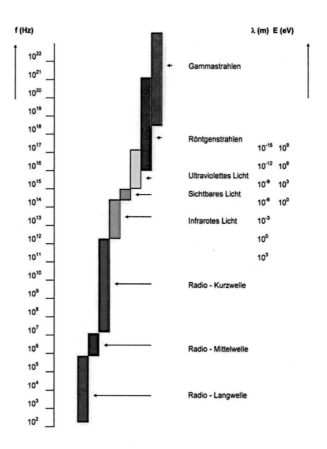

Abb. 3.1 Graphische Darstellung des Spektrums elektromagnetischer Strahlung und der Fluoreszenz [3.2]

reich. In hell erleuchteter Umgebung verschiebt sich dieses Maximum zum Rotbereich. Rot fluoreszierende Prüfmittel verwendet man deshalb in den Fällen, wenn auf eine Verdunkelung der Betrachtungsräume verzichtet werden soll. Die Fluoreszenz-Eindringmittel sind empfindlicher und die Wahrscheinlichkeit, auch kleine Ungänzen nachweisen zu können, ist größer als bei Farb-Eindringmitteln. Durch praxisbezogene Verbesserungen der Zusammensetzung der Eindringmittel können heute Fehler bis zu 0,1 (m nachgewiesen werden. Ihre Leuchtkraft ist im Wesentlichen von der Bestrahlungsstärke und der Wellenlänge der UV-Strahlung abhängig.

In Abhängigkeit von der Art der Entfernbarkeit nach dem Eindring- und vor dem Entwicklungsvorgang unterscheidet man

- wasserabwaschbare Eindringmittel,
- nachemulgierbare Eindringmittel und
- lösemittelabwaschbare Eindringmittel.

Wasserabwaschbare Eindringmittel unterscheiden sich ganz entscheidend in ihrer Zusammensetzung von nachemulgierbaren oder lösemittelabwaschbaren Eindringmitteln

Tab. 3.4 Rahmenrezepturbeispiele für Farb-Eindringmittel [3.2]

Wasserabwaschbares Eindringmittel	Nachemulgierbares Eindringmittel
52% hochsiedende Kohlenwasserstoffe	54% hochsiedende Kohlenwasserstoffe
16% Glycolether	27% Glycole
30% Tenside	17% hochsiedende Esterverbindungen
1,5% Farbstoffe	1,5% Farbstoffe
0,5% Inhibitoren	0,5% Inhibitoren

(Tabelle 3.4). Sie enthalten nämlich bereits einen Emulgator, der dem Eindringmittel bei seiner Herstellung zugesetzt ist. Dieser Emulgator vermindert jedoch die Benetzungsfähigkeit des Eindringmittels und damit auch die Prüfempfindlichkeit des Eindringmitteltyps.

Wasserabwaschbare Eindringmittel sind hingegen mit Wasser gut und sauber von der Oberfläche zu entfernen, so dass der Prüfempfindlichkeitsverlust durch einen besseren Kontrast wettgemacht werden kann. Berücksichtigt werden sollte auch, dass Eindringmittel ein besseres Eindringvermögen besitzen bzw. dünnflüssiger sind als Wasser. Schließlich besteht die Gefahr des Auswaschens von Eindringmitteln aus den Ungänzen, wenn die Abspülphase zu lang ist oder das Abwaschen zu heftig erfolgt.

Nachemulgierbare Eindringmittel sind so konzipiert, dass sie im Wasser unlöslich sind und deshalb nicht nur mit Wasser von der Oberfläche der Prüfgegenstände entfernt werden können. Sie müssen selektiv mit Hilfe von Emulgatoren entfernt werden. Dabei geht der Emulgator innerhalb der Emulgierzeit eine Verbindung mit dem überschüssigen Eindringmittel ein, um ein wasserabwaschbares Gemisch zu bilden. Die richtige Emulgierzeit sollte experimentell bezogen auf die Prüfstücke ermittelt werden, um einem Verlust an Anzeigenqualität vorzubeugen.

Lösemittelabwaschbare Eindringmittel müssten eigentlich als lösemittelentfernbar bezeichnet werden, weil bei diesen Prüfmitteln ein Abwaschen im Grunde nicht zulässig ist, da große Mengen an Lösemitteln Probleme hinsichtlich des Gesundheits- und Arbeitsschutzes mit sich bringen. Deswegen werden diese Eindringmittel zumeist nur bei kleineren Prüfstückzahlen oder auf Baustellen eingesetzt, wobei das überschüssige Eindringmittel mit einem sauberen, flusenfreien Putzlappen entfernt wird. Dieser Vorgang ist so oft zu wiederholen, bis das überschüssige Eindringmittel erkennbar beseitigt worden ist.

In Tabelle 3.5 ist eine Zusammenstellung der Vor- und Nachteile der drei Eindringmittel-Typen wiedergegeben (in Klammern die ASME-Code-Einteilung).

3.1.2   Reiniger

Man benutzt Reiniger zur Vorreinigung, um z.B. Öl-, Fett- oder Schmutzrückstände, Rost, Zunder sowie Farbschichten vor Beginn der Prüfung von der Oberfläche zu entfernen, zur

Tab. 3.5 Vor- und Nachteile der Eindringmitteltypen [3.2]

Typ	Vorteile	Nachteile
(1) wasser-abwasch-bar	leicht mit Wasser zu reinigen (auch Endreinigung) gut für raue Oberflächen gut für konturreiche Oberflächen gut für Mengen von Kleinteilen	geringe Empfindlichkeit für flache und breite Ungänzen kein sicherer Nachweis kleiner Ungänzen Gefahr der Verunreinigung durch Wasser (hygroskopisch) Gefahr der Überwaschung größere Eindringzeit Säuren und Chromate beeinflussen die Empfindlichkeit
(2) nach-emulgier-bar	hohe Empfindlichkeit für flache und breite Ungänzen Überwaschungsgefahr gering geringe Eindringzeit	aufwendiger Zwischenreinigungsprozess in Stufen Zusatzkosten durch Emulgator schwieriger Reinigungsprozess an rauen und konturenreichen Oberflächen
(3) lösemit-tel-abwasch-bar	kein Wasseranschluss notwendig (Baustelle) keine Probleme mit der Abwasseraufbereitung gute Anwendbarkeit auf anodisierten Oberflächen	Entflammbarkeit größer zeitaufwendige Zwischenreinigung keine Anwendung in großen offenen Tanks schwierige Handhabung bei rauen Prüfflächen

Zwischenreinigung, um das überschüssige Eindringmittel an der Prüfoberfläche zu beseitigen und zur Nachreinigung, um nicht korrosive Rückstände auf der Werkstückoberfläche zu belassen. Die Wahl des Reinigers hängt deshalb von der Prüfaufgabe ab. Je nach der Entfernbarkeit der Rückstände, der Art der Eindringmittel oder des Entwicklers benutzt man als Reiniger bei der Zwischenreinigung Wasser, wenn wasserabwaschbare emulgatorhaltige Eindringmittel verwendet worden sind, und Lösemittel, wenn mit nachemulgierbaren oder lösemittelabwaschbaren Eindringmitteln gearbeitet wurde. Die verschiedenen Arten der Reiniger sind bereits beschrieben worden. Bei korrosionsempfindlichen Werkstoffen ist die Verwendung von Wasser als Zwischenreiniger möglichst zu vermeiden. Der Chloridgehalt muss kleiner sein als beim normalen Trinkwasser.

3.1.3 Emulgatoren

Grundsätzlich stehen Emulgatoren auf Ölbasis (lipophil) und auf Wasserbasis (hydrophil) zur Verfügung. Gemeinsam ist beiden, dass sie das überschüssige ölige Eindringmittel an der Oberfläche der Prüfgegenstände wasserabwaschbar machen sollen. Lipophile Emulgatoren wirken je nach ihrer Viskosität und chemischen Zusammensetzung auf die Eindringmittel ein. Dabei sind hochviskose langsamer als niedrigviskose Emulgatoren. Die Lösung der ölhaltigen Bestandteile im überschüssigen Eindringmittel erfolgt durch Eindiffundieren des Emulgators in das Eindringmittel, d.h. die Emulgierdauer wird durch die Diffusionsgeschwindigkeit bestimmt. Hydrophile Emulgatoren werden durch oberflächenaktive Reiniger bei der Beseitigung des Eindringmittels von der Prüffläche aktiv. Die Kraft des zum Abwaschen verwendeten Wassers und das Umrühren bei Tauchbädern stellt die Waschwirkung sicher, während der Reiniger den Eindringmittelfilm verdrängt. Die Emulgierzeit ist abhängig von der Konzentration des Reinigungsmittels im Wasser.

3.1.4 Entwickler

Der Entwickler hat die Funktion, das in Oberflächenöffnungen verbliebene Eindringmittel „herauszusaugen" und die Aufgabe eines Kontrastmittels. So wird beim Farb-Eindringmittel die farbige Anzeige auf der weißen Entwicklerschicht erst gut sichtbar. In der Praxis sind zwei Entwicklerarten verbreitet. Der Trocken-Entwickler ist ein hellfarbiges, feingemahlenes, pulverförmiges Material, das sich auf die Oberfläche des Prüfstücks durch Bestäuben aufbringen lässt. Der Nass-Entwickler besteht aus einem in einer Flüssigkeit fein verteilten pulverförmigen Material. Als Trägerflüssigkeit werden Wasser, Alkohol oder chemische Lösemittel verwendet. Einflussfaktoren des Entwicklers auf seine Applikation in der Praxis sind

- die Kornform,
- die Korndichte (2,02 – 2,76 g/cm^3,
- die statistische Korngröße (3,3 – 22,5 µm),
- die spezifische Kornoberfläche (6200 – 97800 cm^2/g),
- bei Nassentwicklern die Konzentration an Trockensubstanz (72 – 140 g/l),
- bei Nassentwicklern das Absetzvolumen (218 – 934 ml/l).

Durch Messungen wird festgestellt, ob die jeweilige Charge des Entwicklers mit den Ergebnissen der Musterprüfung übereinstimmt. Das Bauteilverhalten wird hingegen mit Hilfe von Kontrollkörpern überprüft. Eine weitere wichtige Gebrauchseigenschaft eines Nassentwicklers ist sein Absetzvolumen, das in einer bestimmten vorgegebenen Zeiteinheit nicht zu groß sein darf. Auch wird erwartet, dass ein Nassentwickler nicht nach längerer Lagerung verklumpt.

3.2 Auswahl der Prüfmittelsysteme

Grundsätzlich können die Prüfmittelsysteme entsprechend ihrem Typ, dem Verfahren und ihrer Art gemäß DIN EN ISO 3452-2 [3.4] klassifiziert und ausgewählt werden (siehe Kapitel 7).

3.2.1 Werkstoff und Erzeugnisform

Der Werkstoff der zu prüfenden Gegenstände bestimmt weitgehend das Eindringmittelprüfsystem und den Verfahrensablauf. In Tabelle 3.6 sind Beispiele für die werkstoffabhängigen Parameter zusammengestellt. Der Werkstoff bestimmt weitgehend die Eindring- und Entwicklungszeiten. Bei metallischen Werkstoffen wird im Wesentlichen zwischen niedrig- und hochlegiertem Stahl, Titan-und Aluminiumlegierungen und Nickelbasislegierungen unterschieden.

Teilweise sind aber auch Werkstücke zu prüfen, die aus verschiedenen Werkstoffen bestehen. In diesen Fällen richtet sich der Verfahrensablauf nach dem Werkstoff mit den längsten Eindring- und Entwicklungszeiten und hinsichtlich der Freiheit an korrosiven Bestandteilen ist der diesbezüglich empfindlichste Werkstoff maßgebend. Werkstoffabhängi-

Tab. 3.6 Beispiele für werkstoffabhängige Parameter der Eindringprüfung [3.2]

Werkstoff	Eindring- und Entwicklungszeiten	Prüfmittelanforderungen
Unlegierter und niedriglegierter Stahl	5 - 7 min	Korrosion durch das Prüfmittel ist auszuschließen
Hochlegierter oder austenitischer Stahl	30 - ca. 120 min	Prüfmittel müssen hochgradig chlorid- und fluoridfrei sein
Nickelbasislegierungen	bis zu ca. 240 min	Prüfmittel müssen hochgradig schwefelfrei sein
Titan- und Legierungen	bis ca. 120 min	Prüfmittel müssen hochgradig chlorid- und fluoridfrei sein
Aluminium und Legierungen	5 - 30 min	Korrosion durch das Prüfmittel ist auszuschließen
Kunststoffe	abhängig von der Benetzungsfähigkeit	Benetzung und Beständigkeit durch Prüfmittel und Reiniger sind nachzuweisen
Keramik	5 - 10 min	Aufquellen ungebrannter Keramik muss vermieden werden

ge Anforderungen an die Prüfmittel, wie z.B. der Gehalt an Verunreinigungen, sind u.a. auch in den Chargenzeugnissen der Prüfmittelhersteller enthalten.

Besondere Anforderungen stellen nichtmetallische Werkstoffe an die Prüfmittel. Hierbei werden die Grenzen der Eindringmittelprüfung erreicht, wenn man beispielsweise an die Prüfung von Keramik oder von Kunststoffen denkt.

Auch die Erzeugnisform hat Auswirkungen auf die Prüfbedingungen. Schweißverbindungen, Schmiedestücke, Gussstücke, Flugzeugteile oder Ausrüstungen für den Automobilbau sind bei den Prüfungen unterschiedlich zu handhaben (Tabelle 3.7). Die Anforderungen an die Sicherheit sind im Allgemeinen beispielsweise bei Triebwerksteilen höher vorzugeben als bei Teilen für den allgemeinen Maschinenbau, obwohl es auch diesbezüglich Ausnahmen geben kann. Je komplizierter die Geometrie der Prüfstücke ist, desto mehr werden direkt wasserabwaschbare von nachemulgierbaren Eindringmittelsystemen abgelöst. Das Sortiment bzw. der Industriesektor wird wesentlich auch durch Normen und Regelwerke bestimmt. Schließlich beeinflusst auch die Oberflächenbeschaffenheit das Fehlernachweisvermögen.

Tab. 3.7 Einfluss der Erzeugnisform auf die Prüfbedingungen [3.2]

Erzeugnisform	Prüfmittelsystem	Auftragungsmethodik
Schmiedestücke und Ausrüstungen für den Automobilbau	Zumeist fluoreszierende wasserabwaschbare Eindringmittel,	Elektrostatisches Sprühen, Tauchen nur bei nichtschöpfenden Bauteilen, mechanisierte bzw. automatisierte Technik
Gussstücke	Fluoreszenz und Farb-Eindringmittel, mit zunehmender Rauhigkeit der Gussoberflächen nachemulgierbare Systeme, sonst und vor allem bei großen Stückzahlen wasserabwaschbare Prüfmittel verwenden,	Manuelles und elektrostatisches Sprühen, Tauchen nur bei nichtschöpfenden Bauteilen, z. T. in Körben oder durch Aufhängen an Laufbahnen
Schweißverbindungen, Druckbehälter	Überwiegend wasserabwaschbare Fluoreszenz- und Farb-Eindringmittel,	Manuelles und elektrostatisches Sprühen, Pinseln bei geringen Stückzahlen
Flugzeugteile	Fluoreszierende nachemulgierbare Eindringmittel mit hoher Empfindlichkeit	Überwiegend automatisches allseitiges Aufsprühen der Prüfstückoberfläche in Vorrichtungen

3.2.2 Anzahl der Prüfstücke und Arbeitsplätze

Der Arbeitsplatz für Eindringprüfungen wird weitgehend von der Stückzahl der zu prüfenden Teile bestimmt. Es ist logisch, dass bei Massenprüfungen mechanisierte oder automatisierte Prüfeinrichtungen geschaffen werden müssen und dass kleine Stückzahlen eine manuelle Prüfdurchführung bedingen.

Große Stückzahlen bedeuten oft auch eine mehrschichtige Arbeitsweise, so dass zunehmend Instandhaltungsphasen an den Prüfanlagen eingerichtet werden müssen. Dabei sollen unter Berücksichtigung der Arbeits- und Umweltschutzanforderungen nicht nur die unmittelbaren Prüfmittelerneuerungen beachtet werden, sondern es geht auch um die kontinuierliche Arbeitsfähigkeit der Vorrichtungen, wie Kreishängeförderer mit Gestellen für die Prüfgegenstände, Elektrostatikpistolen, Sprüheinrichtungen für die Zwischenreinigung, Durchlauftrockenöfen mit Frisch-lufteinrichtungen und die Auswertungseinheiten.

Die Vorteile bei der automatischen Beschichtung der Prüfstücke mit Eindringmittel und Entwickler sowie bei der Zwischenreinigung sind technisch als auch wirtschaftlich gravierend. Einerseits steigen die Durchsatzzahlen erheblich, andererseits sinken die Prüfkosten pro Teil auf einen Bruchteil der früheren Kosten. Außerdem sind solche Anlagen von vornherein auch viel eher umweltfreundlich zu gestalten, als die Arbeitsplätze für manuelle Prüfungen.

Kleine Stückzahlen werden oft auf Baustellen, bei ZfP-Dienstleistern oder bei kleineren Maschinenbaufirmen geprüft. Da diesbezüglich insbesondere beim mobilen Einsatz vielfach keine Dunkelkabinen zur Verfügung stehen, wird in den meisten Fällen mit Farb-Eindringmitteln gearbeitet. Fluoreszenz-Eindringmittel können in diesem Zusammenhang z.B. bei der Behälter-Innenprüfung zum Einsatz gelangen. Um dem Stand der Technik zu entsprechen, müssen die Kosten der Arbeitsplätze für die Eindringmittelprüfung nach dem erforderlichen Arbeits- und Umweltschutz, der Stückzahl, der Kundenanforderungen eingeschätzt werden.

3.2.3 Ungänzennachweis

Die Empfindlichkeit des Prüfmittelsystems richtet sich nach der Art und vor allem Größe der Ungänzen, die beim jeweiligen Sortiment festgestellt werden müssen. Die höchste Prüfmittelempfindlichkeit wird im Flugzeugbau eingesetzt, normale Baustellenbedingungen erfordern geringere Empfindlichkeiten. Im Allgemeinen geht es bei der Eindringprüfung um die Prüfung auf Risse. In Abhängigkeit vom Prüfstücksortiment sind auch Poren, Lunker, Bindefehler, Endkraterrisse, Überlappungen und andere Ungänzenarten zu dedektieren. Die gewissenhafte Einhaltung der den Randbedingungen entsprechenden Prüfspezifikation durch den Prüfer und die Prüfaufsicht ist für den sicheren Nachweis der Ungänzen nicht zu unterschätzen.

Literatur

[3.1] Nico K. Michiels et al.: Red fluorescence in reef fish: A novel signalling mechanism? (2008)

[3.2] Schiebold, Skript PT3 LVQ-WP Werkstoffprüfung GmbH;

[3.3] Berg, K.U., Berg, H. W., Fluoreszierende Eindringmittel-Ursprung, synthetische Herstellung, industrieller Einsatz, DGZfP-Jahrestagung Luzern (1991);

[3.4] DIN EN ISO 3452-2, ZfP, Eindringprüfung, Prüfung von Eindringmitteln, Nov. 2006;

Prüfgeräte und Zubehör

4

4.1 Stationäre Prüfanlagen

Bei der Eindringprüfung wurde noch bis vor relativ kurzer Zeit hauptsächlich manuell gearbeitet. Insbesondere in der Luftfahrt und Automobilindustrie entstand aufgrund der Vielzahl der zu prüfenden Teile in der Neufertigung und Revision die zwingende Notwendigkeit, die Prüfvorgänge zu automatisieren. Die Vorteile bei der automatischen Beschichtung der Prüfgegenstände mit Eindringmittel und Entwickler sowie bei der Zwischenreinigung sind technisch und wirtschaftlich erheblich. Ferner steigen die Durchsatzmengen an Prüfstücken bei sinkenden Prüfkosten und Personalaufwand. Wesentlich sind lediglich die Investitionskosten für solche Anlagen, wobei ihre Umweltfreundlichkeit nicht zu übersehen sind.

Stationäre Prüfanlagen haben je nach Größe der zu untersuchenden Bauteile ganz unterschiedliche Abmessungen. Abhängig vom eingesetzten Eindringmittelsystem und -typ enthält eine stationäre Anlage zumeist einen Vorreinigungsplatz, Eindringplatz, Ablaufplatz, Emulgierplatz, Zwischenreinigungsplatz, Trocknungsplatz, Entwicklungsplatz, eine Auswertungskammer mit UV-Lampe und einen Endreinigungsplatz. Hinzu kommen die Vorrichtungen zum Bewegen der Prüfteile, zum Auftragen der Eindringmittelsysteme, zum Vor-, Zwischen- und Nachreinigen sowie eventuell auch die Adjustagen zum Sortieren von Gut- und Schlechtteilen.

Für kleinere Stückzahlen und Werkstücke sind spezielle Arbeitsplätze zum manuellen und elektrostatischen Auftragen der Eindringmittel, zum Reinigen und Entwickeln mit Absaugung, Filterung und Entwässerung für die Eindringmittelnebel und Lösemitteldämpfe entwickelt worden (Abb. 4.1 und 4.2), Sie heben sich von der rein mobilen Prüfung schon durch eine gerätetechnische Lösung im Arbeits- und Umweltschutz sowie in der Entsorgung der verbrauchten Prüfmittel ab. Auch die Verwendung von pressluftbetriebenen Sprühpistolen zeigt schon einen gewissen Mechanisierungsgrad an.

Zum Auftragen der Eindringmittel haben sich auch Tauchanlagen bewährt, vor allem wenn eine große Zahl kleiner Teile wechselnder Geometrie geprüft werden sollen, die „nicht schöpfend sind". Darunter versteht man, dass diese Teile keine nach oben offenen oder nach

K. Schiebold, *Zerstörungsfreie Werkstoffprüfung – Eindringprüfung*,
DOI 10.1007/978-3-662-43809-1_4, © Springer-Verlag Berlin Heidelberg 2014

Abb. 4.1 Prüfkammer der
Fa. Karl Deutsch bei LVQ-WP
in Mülheim [4.3]

Abb. 4.2 Prüfkammer mit Absaugung und Filtereinrichtung
der Fa. Helling [4.4]

unten geschlossenen Hohlräume aufweisen, damit das Eindringmittel nach dem Tauchen gut ablaufen kann. Ist das nicht der Fall, müssen die Prüfstücke mit Hilfe von Vorrichtungen gedreht oder geschwenkt werden können. Werden größere Teile einfacher Geometrie getaucht, sind Hebezeuge erforderlich, wodurch wiederum der Prüfaufwand erhöht wird.

Halbautomatische Prüfanlagen sind nach Einstellung der jeweiligen Verfahrensschritte weitgehend unabhängig vom Bediener (Abb. 4.3 bis 4.5), während bei vollautomatischen Prüfanlagen auch die Transportvorgänge automatisiert sind (Abb. 4.6). Die Prädikate halb- oder vollautomatisch beziehen sich dabei nur auf den Prüfvorgang, nicht aber auf die Auswertung der Anzeigen.

Für beide Typen von Eindringprüfanlagen werden die entsprechenden Prozessparameter, wie Steuerungs-, Prüf- und Kontrollfunktionen durch einen Prozessrechner erfasst und zur Ausführung gebracht.

Eine besondere Art der Auftragung von Eindringmitteln sind die elektrostatischen Sprüheinrichtungen (Abb. 4.7), die eine gleichmäßig dünne Beschichtung zulassen, so dass die nachfolgende Zwischenreinigung vereinfacht und eine wesentliche Reduzierung des Prüfmittelverbrauchs realisiert wird.

Eine Waschstation für eine halbautomatische Tauchanlage zeigt Abb. 4.8.

Abb. 4.3 Halbautomatische
Prüfanlage der Fa. Tiede [4.5]

Abb. 4.4 Halbautomatische
Prüfanlage der Fa. FPW [4.6]

Abb. 4.5 Halbautomatische
Prüfanlage der Fa. Honsel
[4.6]

Abb. 4.6 Vollautomatische
Prüfanlage der Fa. MTU

Abb. 4.7 Elektrostatische
Sprüheinrichtung [4.8]

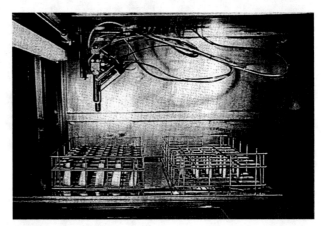

Abb. 4.8 Waschstation für
eine halbautomatische Tauchanlage [4.8]

Verschiedene Typen von automatischen Rissprüfanlagen beschreibt Berg [4.1]. Mit Hilfe eines Reihenautomaten werden Sicherheitsteile eines Automobilzulieferbetriebes aus Aluminiumguss mittels wasserabwaschbaren Fluoreszenz-Eindring-mitteln untersucht. Dabei werden die Werkstücke auf Gestelle aufgehängt, die an einem Kreishängeförderer angeordnet sind. Der Kreishängeförderer taktet die Eindringmittelkabine, wo die Prüfstücke mittels Elektrostatikpistolen gleichmäßig mit Eindringmittel besprüht werden. Nach der vorgeschriebenen Eindringzeit werden die Werkstücke in der nachfolgenden Waschkabine durch Sprühdüsen, die auf einem Spritzregister angeordnet sind, hintergrundfrei abgespült. Anschließend werden die Werkstücke in einem Durchlaufofen getrocknet und in der folgenden Kabine elektrostatisch mit Trockenentwickler bestäubt. Nach der vorgeschriebenen Entwicklungszeit erfolgt die Auswertung der Anzeigen in der letzten Kabine der automatischen Anlage. Dieselbe Anlage wurde bei beengten Platzverhältnissen auch kreisförmig als Rundautomat angeordnet.

Bei einer weiteren Anlage sind Prüfstücke aus der Luftfahrtindustrie mit nachemulgierbarem fluoreszierenden Eindringmitteln geprüft worden. Aufgrund der verschiedenartigen Form und Geometrie der Teile wurde eine Tauchanlage verwendet. Die Werkstücke wurden in Körbe eingelegt und automatisch über Rollenbahnen sowie Hub- und Senkstationen in die Tauchbäder eingefahren. Die Automatik gewährleistet eine vollständige Einhaltung der Eindring-, Emulgier- und Entwicklungszeiten.

Schließlich wird die vollautomatische Rohrinnenprüfung in Kernreaktoren beschrieben [4.6]. Die Anlage besteht aus der Steuereinheit, der Versorgungseinheit und der Prüfmittel-Prozesseinheit. Die Steuerung und Überwachung der Prüfanlage erfolgt in Abhängigkeit von den Rohrparametern mittels Computer und einer speziellen Software für die Eindringmittel-Prozessdaten. Die Versorgungseinheit besteht im Wesentlichen aus dem

- Eindringmittelbehälter mit Umwälzpumpe,
- Emulgatorbehälter mit Umwälzpumpe,
- Behälter für das Vor- und Nachwaschwasser mit Umwälzpumpe,
- Behälter für den Trockenentwickler,
- Luftfilter, der Beheizung und dem Trockner.

Bei der Prüfmittel-Prozesseinheit wird der Prüfbereich pneumatisch zur Kamera, zu den UV-Lampen und zum Transportsystem abgeschottet. Das Eindringmittel wird über Spezialdüsen gleichmäßig auf die Rohrinnenoberfläche gesprüht. Nach der Eindringdauer wird mit Wasser vorgewaschen, der Emulgator aufgesprüht und die Oberfläche nach der Einwirkzeit des Emulgators hintergrundfrei abgewaschen. Zum Trocknen wird erwärmte Luft eingeblasen und abgesaugt. Nach dem Trocknen wird der Trockenpulverentwickler gleichmäßig aufgetragen und nach der Entwicklungszeit kann sich das System wieder vorwärts bewegen und die Auswertung beginnt unter UV-Strahlung mit einer Spezialkamera.

Eine Besonderheit stellt die fluoreszierende Eindringprüfung an Turbinenschaufeln mit Hilfe von speziellen Endoskopen dar [4.7]. Obwohl der Endoskopdurchmesser nur 4 mm betrug, konnte bei der Prüfung auf die Verwendung von Entwicklern verzichtet werden.

4.2   Mobile-Prüfeinrichtungen

Ein tragbarer Farb-Eindringmittel-Prüfsatz (Abb. 4.9) hat relativ wenig Gewicht und besteht zumindest aus folgenden Gegenständen:

- Lösemittel (Zwischenreiniger),
- Farb-Eindringmittel-Dosen,
- Dosen mit Nassentwickler auf Lösemittelbasis,
- Abwischtücher und Pinsel, z.B. Puderquast.

Ein tragbarer Prüfsatz für Fluoreszenz-Eindringmittel (Abb. 4.10) besteht dagegen aus folgenden Gegenständen:

- UV-Lichtlampe mit Umformer,
- Lösemittel (Zwischenreiniger),

Abb. 4.9 Tragbarer Farb-Eindringmittel-Prüfsatz [4.8]

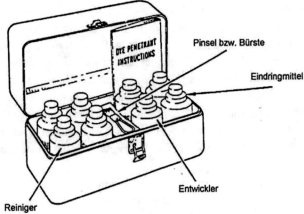

Abb. 4.10 Tragbarer Fluoreszenz-Eindringmittel Prüfsatz
[4.8]

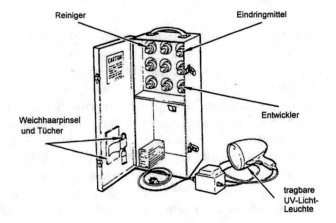

- Dosen mit Fluoreszenz-Eindringmittel,
- Dosen mit Nassentwickler auf Lösemittelbasis,
- Trockenentwickler,
- Abwischtücher und Pinsel, z.B. Puderquast,
- Haube zum Abdunkeln für die Anzeigenauswertung.

4.3   Zubehör

Zubehör für Eindringmittelprüfplätze sind u.a. auch UV-Lichtlampen (Abb. 4.11). Sie bestehen im Wesentlichen aus

- einem Umformer,
- dem Lampengehäuse,
- der Quecksilberdampflampe und
- einem Spezial-Filter.

Bei den UV-Lampen (Abb. 4.12), die im Rahmen der Auswertung benutzt werden, filtert eine Filterscheibe oder ein Filter das kurzwelligere schädliche UV-B- und UVC-Licht wie auch das sichtbare Licht aus. Die durchgelassene UVA-Strahlung ist kurzzeitig völlig ungefährlich. Man sollte jedoch während der Auswertung nicht direkt in die UV-Lampe hineinschauen, da sonst aufgrund des hierbei entstehenden Grauschleiers (Augapfelfluoreszenz) die Augen ermüden.

In der Materialprüfung werden hauptsächlich Quecksilberdampf-Hochdruckleuch-ten verwendet, wobei der hohe Druck zu einer starken Verbreiterung der Spektrallinien führt [4.9] (Abb. 4.11).

Die UV-Strahlung wird im Allgemeinen in Quecksilberdampflampen erzeugt, die ein breites Spektrum von UV- und sichtbarem Licht abgeben (Abb. 4.13), wobei bei den UV-Licht-Lampen das sichtbare Licht durch Filter absorbiert wird. Daher nennt man die o.g. Strahlung auch „schwarzes Licht" (black light). Die unsichtbare UV-Strahlung hat eine

Abb. 4.11 Bestandteile einer UV-Licht-Lampeneinheit [4.8]

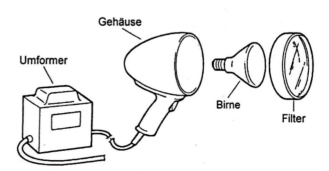

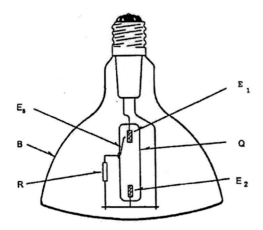

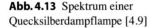

E_S = Zündelektrode

E_1 / E_2 = Elektroden

B = Lampenkolben

R = Widerstand

Q = Quecksilberdampf -
    Quarzbrenner

Abb. 4.12 Quecksilberdampflampe: Zündzeit ca. 5 min [4.8]

Abb. 4.13 Spektrum einer
Quecksilberdampflampe [4.9]

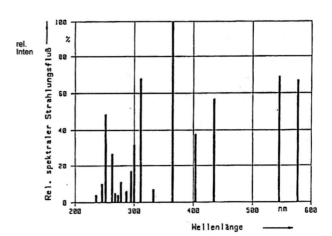

Wellenlänge von ca. 365 nm. Diese Strahlung ist für die Haut ungefährlich. Hautrötungen kann nur die energiereiche UV-Strahlung unter 320 nm verursachen.

Die Vorteile der fluoreszierenden Prüfung lassen sich nur nutzen, wenn in abgedunkelten Räumen geprüft wird. An solche Lichtverhältnisse muss der Prüfer seine Augen einige Minuten gewöhnen. Vorsicht ist nur geboten, wenn Schwarzlicht direkt in die Augen strahlt, da die Augapfelfluoreszenz zu einem kurzzeitigen Nachlassen der Wahrnehmungsfähigkeit und damit zum Übersehen kleiner Anzeigen führen kann.

Weiterhin kann eine Quecksilberdampflampe nur dann ihre volle UV-Licht-Intensität entfalten, wenn sie einige Minuten vorher eingeschaltet wurde. Die minimale Zeit vom Zünden der Quecksilberdampflampen bis zum Aufbau des stabilen und intensiven Lichtbogens beträgt ca. 5 Minuten. Danach fällt die UV-Licht-Intensität wieder um etwa 10 bis

Abb. 4.14 Helligkeitsverlauf von Quecksilberdampflampen nach dem Einschalten [4.10]

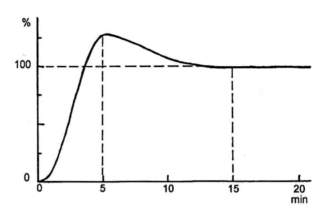

Abb. 4.15 UV-Großflächenleuchte [4.11] UV-LED-Handleuchte der Fa. Karl Deutsch [4.11]

20% ab und erreicht nach ca. 15 Minuten eine in etwa konstante UV-Licht-Leistung (Abb. 4.14).

Bei der fluoreszierenden Eindringprüfung unterscheidet man die Bestrahlungsstärke des UV-Lichtes und die Beleuchtungsstärke des sichtbaren Lichtes (Fremdlicht). Der Prüfvorgang erfordert eine möglichst hohe Bestrahlungsstärke bei möglichst geringem Fremdlichteinfluss (siehe auch Kapitel 5). Der Fremdlichteinfluss und die Abdunkelung der Prüfkabine müssen abgestimmt sein. Die Bestimmung der UV-Strahlung erfolgt mit UV-Intensitätsmessgeräten, der sichtbare Lichtanteil wird mit einem Luxmeter ermittelt.

Abb. 4.15 zeigt eine UV-Großflächenleuchte und eine UV-LED-Handleuchte [4.11].

Die Lebensdauer handelsüblicher UV-Strahler wird bezogen auf die halbe Intensität mit ca. 750 bis 1500 Stunden angegeben [4.11]. Die Richtlinie EM 6 der DGZfP [4.12] schreibt den Herstellern der UV-Strahler vier Risikoklassen vor. Bei den Risikoklassen 2 bis 4 sind persönliche Schutzmaßnahmen vorzusehen, die bis zum Vollgesichtsschutz reichen.

Literatur

[4.1] Berg, H. W., Automation bei der Eindringprüfung, DGZfP-Jahrestagung Lindau (1987);

[4.2] Brittain, Stewart, Automatisierte Eindringprüfung aus Gründen der Sicherheit und Wirtschaftlichkeit, DGZfP-Jahrestagung Siegen (1988);

[4.3] Produktinformation der Fa. Karl Deutsch;

[4.4] Produktinformation der Fa. Helling;

[4.5] Produktinformation der Fa. Tiede;

[4.6] Schanninger, Berg, H. W, Rohrinnenprüfung in Kernreaktoren, DGZfP-Jahrestagung Luzern (1991);

[4.7] Ohnesorge, Wolf, Reiche, Rissprüfung in Turbinenschaufeln: Die wirksame Kombination von Eindringprüfung und Endoskopie, DGZfP-Jahrestagung Celle (1999);

[4.8] Schiebold, Skript PT3 LVQ-WP Werkstoffprüfung GmbH;

[4.9] Waldburg, Was ist bei der Verwendung von UV-Leuchten zu beachten? DGZfP-Jahrestagung Garmisch-Partenkirchen (1993);

[4.10] Stroppe, Physik für Studenten der Natur- und Ingenieurwissenschaften, Fachbuchverlag Leipzig im Carl Hanser Verlag 2005;

[4.11] Deutsch, Morgner, Vogt, Magnetpulver-Rissprüfung, Castell-Verlag 2012;

[4.12] DGZfP-Richtlinie EM 6;

Prüfsystem- und Verfahrenskontrollen 5

5.1 Prüfsystemkontrollen

Nach Abb. 5.1 sind folgende grundsätzliche Kontrollen oder Empfindlichkeitsnachweise
für die Prüfmittelsysteme einzuleiten:

- Musterprüfung am Kontrollkörper A nach DIN 54152-3 [5.4] durch eine vom Hersteller unabhängige Gutachterstelle,
- Chargenprüfung durch den Hersteller,
- Vergleich des angelieferten Prüfmittelsystems mit den Chargen- und Musterprüfungszeugnissen durch den Anwender,
- Untersuchung der Prüfmittelempfindlichkeit am Kontrollkörper B nach DIN 54152-3 [5.4] und am Kontrollkörper 2 nach DIN EN ISO 3452-2 [5.2], [5.3] durch den Anwender ,
- Registrierung der Sicherheitsvorschriften für das Prüfmittelsystem durch den Anwender anhand des vom Hersteller mitgelieferten Sicherheitsdatenblattes.

Nachstehendes Abb. 5.1 vermittelt einen Überblick für die Prüfsystem- und Verfahrenskontrollen bei der Eindringprüfung unter Berücksichtigung des prinzipiellen Verfahrensablaufes.

5.1.1 Chemische Zusammensetzung der Prüfmittel

Wichtig für diese Kontrollen sind auch die für die Prüfung zutreffenden Regelwerke und
Prüfnormen. Beispielsweise unterscheiden sich die Vorschriften für die Eindringmittelzusammensetzungen. Eine Reihe von Werkstoffen, die im Industrieanlagen- und Maschinenbau angewendet werden, kann bei Verwendung bestimmter chemisch verunreinigter
Eindringprüfmittel geschädigt werden. Insbesondere besteht die Gefahr, dass

K. Schiebold, *Zerstörungsfreie Werkstoffprüfung – Eindringprüfung,*
DOI 10.1007/978-3-662-43809-1_5, © Springer-Verlag Berlin Heidelberg 2014

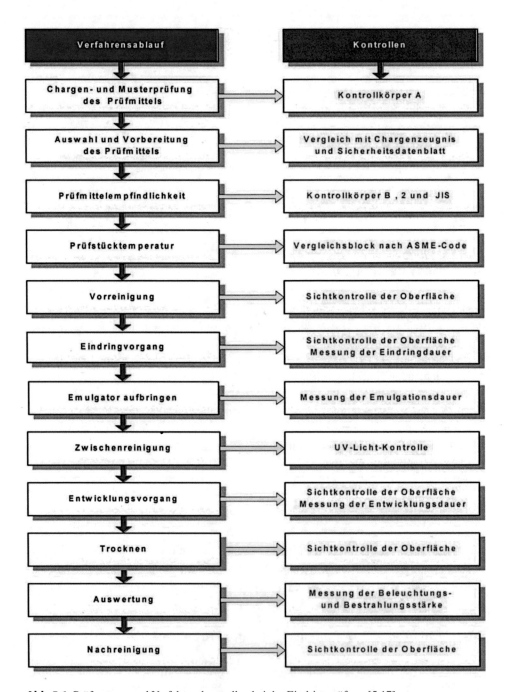

Abb. 5.1 Prüfsystem- und Verfahrenskontrollen bei der Eindringprüfung [5.17]

- bei austenitischen Stählen und Titan rissartige Korrosionserscheinungen auftreten, wenn Chloride oder chlorhaltige Mittel eingesetzt werden und dass
- bei Nickelbasislegierungen (Hastelloy, Incoloy, inconel, monel) eine Werkstoffschädigung (Korrosion) durch Schwefel oder schwefelhaltige Mittel entsteht.

Der Hersteller der Prüfmittel ist verpflichtet, einen Nachweis zu erbringen, dass das zu liefernde Prüfmittel keine korrosionsfördernden Schadstoffe enthält; wobei unter diesem Oberbegriff alle für die Eindringprüfung eingesetzten Stoffe wie das Eindringmittel, der Zwischenreiniger, Emulgator und Entwickler zu verstehen sind. Da Schwefel und Chlor meist nicht als elementare Verunreinigung vorhanden, sondern in den Bestandteilen des Prüfmittels chemisch gebunden sind, muß eine chemische Analyse der Bestandteile erfolgen. Einen Schnelltest auf korrosives Verhalten läßt sich mit Hilfe einer Probe aus einer Magnesiumlegierung durchführen.

Nach DIN EN ISO 3452-2 [5.3] muss der gesamte Gehalt an Schwefel, Chloriden und Fluoriden jeweils unter 200×10^{-6} liegen und die Verträglichkeit der Eindringmittel mit Metallen kann mit Hilfe einer blanken Aluminiumlegierung, einer Magnesiumlegierung oder mit Stahl 30 Cr Mo 4 oder gleichwertigem Material geprüft werden. Nach den Tests dürfen keine Flecken, kein Lochfraß oder andere Korrosionsanzeichen vorhanden sein, wenn mit einer Vergrößerung 10x geprüft wird. In Tabelle 5.1 sind die umfangreichen Prüfungsanforderungen an Eindringmittel nach DIN EN ISO 3452-2 zusammengestellt.

Der ASME-Code enthält Analysenvorschriften der amerikanischen Gesellschaft für Materialprüfung und Werkstoffe (ASTM), die die Durchführung dieser Analyse beschreiben. Es handelt sich um die Standards ASTM D-808 (Prüfung auf Chlor [5.7]) und ASTM D-129 (Prüfung auf Schwefel [5.8]). Eine bestimmte Menge des Mittels wird dabei in einer Bombe mit Natriumperoxid verbrannt, wobei Sulfate, Fluoride und Chloride entstehen. Diese Sulfate und Chloride bilden mit Bariumchlorid bzw. Silbernitrat unlösliche Salze (Rückstand), die nach der Trocknung gewogen werden. Aus dem Gewicht des Rückstandes im Verhältnis zur eingesetzten Menge des Mittels kann auf den Prozentgehalt von Schwefel, Fluor und Chlor geschlossen werden.

Der Anwender muss vom Hersteller des gesamten Prüfmittelsystems ein Chargenzeugnis abfordern, das für die vorliegende Charge des Prüfmittels einen vertretbaren Gehalt an Fluor Schwefel und Chlor garantiert. Liegt dieses Zeugnis vor, so haftet der Hersteller des Prüfmittels für die Schäden, die aufgrund von Abweichungen von den vorgegebenen Festlegungen auftreten. Darüber hinaus verbleiben dem Prüfpersonal folgende Aufgaben:

- Überprüfung der Chargennummer auf dem Behälter (Dose) auf Übereinstimmung mit der Chargennummer auf dem Prüfzeugnis.
- Überprüfung auf Durchführung mit den richtigen Analysenvorschriften (mit SD-129, SD-808, DIN EN ISO 3452-2).
- Angabe der Masse des Rückstandes.

Die chemische Untersuchung der Prüfmittelsysteme durch den Hersteller und durch eine unabhängige Prüfstelle stellt den Hersteller der Werkstücke nicht von einer Mitverantwortung bezüglich der Einhaltung der Analysenvorschriften frei.

Tab. 5.1 Prüfungsanforderungen an Eindringmittel nach DIN EN ISO 3452-2

Prüfverfahren	Anforderungen
Aussehen	Analog dem Musterprüfungsmaterial
Empfindlichkeit	Fluoreszierende Eindringmittel Prüfplatten, Geräte, Kalibrierung, Verfahrensablauf, Auswertung der Ergebnisse Farbeindringmittel, Prüfplatten, Verwendungsweise, Auswertung der Ergebnisse, Anforderungen
Dichte	Prüfverfahren und Anforderungen
Viskosität	Prüfverfahren und Anforderungen
Flammpunkt	Prüfverfahren und Anforderungen
Abwaschbarkeit	wie Musterprüfungsproben
Fluoreszenzhelligkeit	Prüfverfahren, Wärmestabilität und Anforderungen
UV-Stabilität	Prüfverfahren und Anforderungen
Wasseraufnahme	Prüfverfahren und Anforderungen
Korrosive Eigenschaften	Muster- und Chargenprüfung zur Verträglichkeit mit Metallen und anderen Werkstoffen und die entsprechenden Anforderungen
Schwefel- und Halogengehalt	Prüfverfahren und Anforderungen
Verdampfungsrückstand/Feststoffgehalt	Zwischenreiniger auf Lösemittelbasis Entwickler
Eindringmittelaufnahme	Lipophiler und hydrophiler Emulgator
Leistung des Entwicklers	Erforderlich ist eine ebenmäßige, nicht reflektierende und nicht fluoreszierende Deckschicht
Dispersionsfähigkeit	Nassentwickler auf Wasserbasis (suspendiert) Nassentwickler auf Lösemittelbasis (nicht wässrig)
Dichte der Trägerflüssigkeit	Prüfverfahren und Anforderungen
Leistung des Produkts	Entsprechend der Chargenprüfung
Verpackung und Kennzeichnung	Entsprechend der geltenden internationalen, nationalen und örtlichen gesetzlichen Bestimmungen

Eine kontinuierliche Kontrolle des Prüfmittels ist mit Sicherheit bei automatischen oder mechanisierten Prüfanlagen erforderlich, weil die Prüfmittel über einen längeren Zeitraum aus offenen Vorratsbehältern oder Tankanlagen verwendet werden. Im militärischen Bereich (MIL-Vorschriften) muss diesbezüglich beispielsweise der Wassergehalt bei wasserabwaschbaren Eindringmitteln ständig kontrolliert werden und darf 5% nicht übersteigen. Auch die Entfernbarkeit eines wasserabwaschbaren Eindringmittels und die Wirkung eines hydrophilen Emulgators wird durch Vergleich von längerer Zeit in Einsatz befindlichem und von neu angesetztem Prüfmittel beurteilt. Grundsätzlich sollte auch die Fluoreszenzwirkung eines entsprechenden Eindringmittels untersucht werden, wenn das Prüfmittel längere Zeit im Einsatz ist und weil der fluoreszierende Stoff im Eindringmittel, das Lumogen, bei ständigem Gebrauch zersetzt wird. Schließlich werden Nassentwickler auf verschleppte Fluoreszenz und auf ihre Konzentration mit einem Hydrometer kontrolliert.

5.1.2 Kontrollkörper

Mit Hilfe der nachstehend beschriebenen Kontrollkörper ist es möglich, sowohl physikalische Eigenschaften von Prüfmitteln aufgrund von Alterung und Verschmutzung ohne großen messtechnischen Aufwand festzustellen, als auch die Auswirkung eines geänderten Verfahrensablaufes hinsichtlich der Eindring- und Entwicklungsdauer, der Zwischenreinigung oder der Emulgation auf die Empfindlichkeit eines Prüfmittelsystems zu untersuchen. Mit den nachfolgenden Kontrollkörpern wird auch die kurzzeitige Entwicklung der Normen von der DIN-Norm über die EN-Norm zur ISO-Norm vermittelt. Auch wenn die jeweilige ISO-Norm die gültige Norm sein sollte, können die DIN-Norm und die EN-Norm in den Verträgen noch genutzt werden.

5.1.2.1 Kontrollkörper nach DIN 54152-3

Muster- und Chargenprüfungen wurden bisher zum Nachweis der Empfindlichkeit und der Teileigenschaften eines Prüfmittelsystems am Kontrollkörper A nach DIN 54152-3 [5.4] oder an den Kontrollkörpern 1 und 2 nach DIN EN 3452-3 [5.5] durchgeführt. Obwohl diese Kontrollkörper inzwischen durch entsprechende Kontrollkörper nach DIN EN ISO 3452-3 [5.6] abgelöst worden sind, sollen nachstehend die Kontrollkörper nach DIN 54152-3 und DIN EN 571-3 beschrieben werden, weil sie noch zahlreich in Benutzung sind. Der Kontrollkörper A (Abb. 5.2) besteht aus einem Grundrahmen aus nichtrostendem Stahl, auf dem vier Rissnormale aus austenitischem Stahl mit unterschiedlich breiten Rissen befestigt sind. Entsprechend der ansteigenden Rissbreite wird die Prüfempfindlichkeit klassifiziert.

Dieser Kontrollkörper ist in der Lage, ein Prüfsystem zu klassifizieren, weil seine Rissbreiten und -tiefen im Grenzbereich der Nachweisempfindlichkeit der Prüfmittelsysteme liegen. Bei der Chargenprüfung wird am gesamten Prüfmittelsystem geprüft, ob die bei der Musterprüfung festgestellte Empfindlichkeit von den Prüfmitteln der untersuchten Chargen eingehalten wird. Generell wird die Untersuchung für ein Prüfmittel im Standardtem-

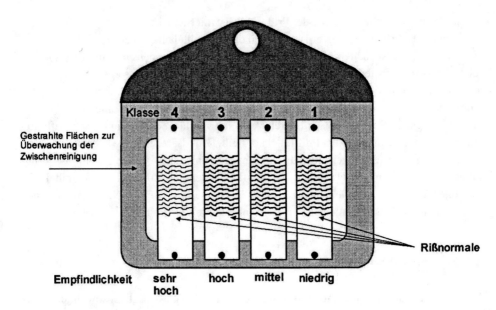

Abb. 5.2 Kontrollkörper A nach DIN 54152-3 [5.4]

peraturbereich bei 5°C, bei Raumtemperatur und bei 50°C geführt. Dabei werden definierte Zeiten für den Eindring- und Entwicklungsvorgang zugrunde gelegt und Aufnahmen vom Kontrollkörper A bei Tageslicht (Abb. 5.3) und bei UV-Strahlung (Abb. 5.4) angefertigt.

Zur Überwachung der verwendeten Prüfmittelsysteme wird nach DIN 54152-3 der Kontrollkörper B beim Anwender eingesetzt. Es ist klar, dass bei mehrfacher Verwendung der Prüfsysteme insbesondere bei Gebinden oder bei Lagerung in offenen Behältern Empfindlichkeitsänderungen auftreten können. Der Kontrollkörper B (Abb. 5.5 schematisch und Abb. 5.6 im Einsatz) besteht aus einer Grundplatte mit den Maßen $50 \times 100 \times 2{,}5$ mm, die auf einer Seite bis zu einer Höhe von 100 mm hart verchromt ist. Die restliche Fläche dieser Seite ist zur Überwachung des Zwischenreinigungsprozesses gestrahlt. Durch Kugeleindrücke unterschiedlicher Last auf der Gegenseite werden auf der hart verchromten Fläche 5 sternförmige Risse mit unterschiedlichem ansteigendem mittlerem Sterndurchmesser erzeugt, wobei der Durchmesser von oben nach unten mit der Eindruck-Nr. 1 bis 5 zunimmt.

Zur Überwachung der verwendeten Prüfmittelsysteme wird nach DIN 54152-3 der Kontrollkörper B beim Anwender eingesetzt. Es ist klar, dass bei mehrfacher Verwendung der Prüfsysteme insbesondere bei Gebinden oder bei Lagerung in offenen Behältern Empfindlichkeitsänderungen auftreten können. Der Kontrollkörper B (Abb. 5.5 schematisch und Abb. 5.6 im Einsatz) besteht aus einer Grundplatte mit den Maßen $50 \times 100 \times 2{,}5$ mm, die auf einer Seite bis zu einer Höhe von 100 mm hart verchromt ist. Die restliche Fläche dieser Seite ist zur Überwachung des Zwischenreinigungsprozesses gestrahlt. Durch

Abb. 5.3 Nichtfluoreszierendes Prüfmittelsystem bei Tageslicht [5.4]

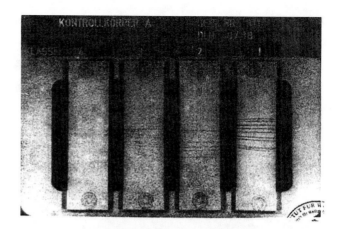

Abb. 5.4 Fluoreszierendes Prüfmittelsystem bei UV-Strahlung [5.4]

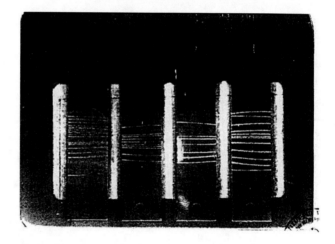

Kugeleindrücke unterschiedlicher Last auf der Gegenseite werden auf der hart verchromten Fläche 5 sternförmige Risse mit unterschiedlichem ansteigendem mittlerem Sterndurchmesser erzeugt, wobei der Durchmesser von oben nach unten mit der Eindruck-Nr. 1 bis 5 zunimmt.

Die Überwachung durch den Anwender ist durch Vergleich der Anzeigen des Kontrollkörpers B mit den Anzeigen des Prüfmittelsystems im Anlieferungszustand oder mit einer am Prüfmittelsystem aufgenommenen Vergleichsfotographie durchzuführen. So kann beurteilt werden, ob ein Prüfmittel nach längerer Lagerung noch gebrauchsfähig ist. Die ständige Lagerung der Kontrollkörper A und B soll nach DIN 54152-2 zwischen den einzelnen Anwendungen in einem geeigneten sauberen Lösemittel erfolgen.

5.1.2.2 Kontrollkörper nach DIN EN 571

Auf der Basis der DIN 54152 wurde die DIN EN 571 geschaffen. Diese Norm ist aber nur im Teil 1 verabschiedet worden. Da in der Zwischenzeit bereits die DIN EN ISO 3452 ge-

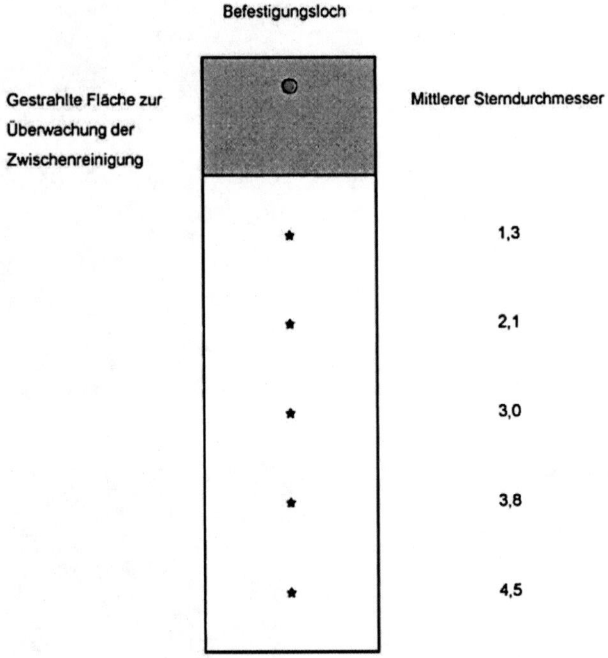

Abb. 5.5 Kontrollkörper B
nach DIN 54152-3 schema-
tisch [5.4]

Befestigungsloch

Gestrahlte Fläche zur
Überwachung der
Zwischenreinigung

Mittlerer Sterndurchmesser

1,3

2,1

3,0

3,8

4,5

Abb. 5.6 Kontrollkörper B
nach DIN 54152-3 im Einsatz
[5.4]

schaffen worden ist, wurden die DIN EN 571-2 und -3 nicht mehr weiter verfolgt. Nach
DIN EN ISO 3452-3 werden die Kontrollkörper 1 und 2 unterschieden. Interessant ist, dass

anstelle des Kontrollkörpers A der DIN 54152-3 der japanische Kontrollkörper nach JIS Z 2343 [5.10] übernommen wurde, weil es keine Möglichkeit gab, einen Kontrollkörper herzustellen, der die Fehleröffnungen in einer Abstufung aufweist, wie es für die Empfindlichkeitsklassen erforderlich wäre. Der Kontrollkörper 2 löste den Kontrollkörper B nach DIN 54152-3 ab, wobei technische Neuerungen zur Herstellung eingebracht wurden. Beispielsweise sind jetzt 4 Flächen mit unterschiedlichen Rauhigkeiten eingebracht worden, so dass man mit diesem Abwaschbereich die Tendenz bei der Zwischenreinigung feststellen kann. Auch ist zur Einschätzung der Empfindlichkeit des Prüfmittels ein maximaler Sterndurchmesser definiert worden.

5.1.2.3 Kontrollkörper nach DIN EN ISO 3452-3

Der Kontrollkörper 1 (Abb. 5.7) besteht aus einem Satz von 4 Platten mit einer 10, 20, 30 und 50 µm dicken Nickel-Chrom-Schicht. Die 10, 20 und 30 µm-Platten werden zur Bestimmung der Empfindlichkeit von fluoreszierenden Eindringsystemen verwendet. Die Empfindlichkeit von Farbeindringsystemen wird mit den 30 und 50 µm-Platten bestimmt.

In Abhängigkeit von den Schichtdicken der beschriebenen Platten wird die Empfindlichkeit der Eindringmittel-Prüfsysteme in Empfindlichkeitsklassen eingeteilt (Tabelle 5.2 und 5.3), wobei die Empfindlichkeitsklassen für fluoreszierende und farbige Eindringsysteme nicht verglichen werden dürfen, d.h. die gleiche Empfindlichkeitsklasse entspricht nicht der gleichen Empfindlichkeit bei Farb- oder fluoreszierenden Systemen [5.9]. Die Erkennbarkeit der Anzeigen auf den Streifen bildet das Maß für die Empfindlichkeitsklassen wie sie z.B. in Abb. 5.8 dargestellt sind.

Nach Einführung der DIN EN ISO 3452-3 wurde dieser Kontrollkörper ersetzt durch den Kontrollkörper 2 (Abb. 5.9), der dem Kontrollkörper 2 nach EN 571-2 mit 4 Flächen

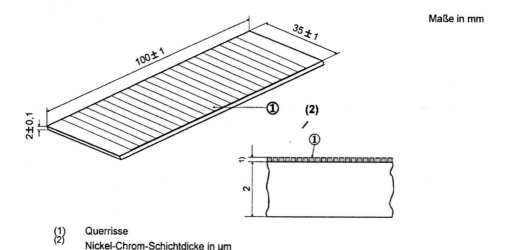

(1) Querrisse
(2) Nickel-Chrom-Schichtdicke in µm

Abb. 5.7 Form und Abmessungen des Kontrollkörpers 1 nach DIN EN ISO 3452-3 [5.6]

Tab. 5.2 Empfindlichkeitsklassen fluoreszierender Eindringmittelsysteme [5.3]

Empfindlichkeitsklasse	Empfindlichkeit	Schichtdicke der Platte
1	Normal	30 µm
2	Hochempfindlich	20 µm
3	Ultrahochempfindlich	10 µm

Tab. 5.3 Empfindlichkeitsklassen farbiger Eindringmittelsysteme [5.3]

Empfindlichkeitsklasse	Empfindlichkeit	Schichtdicke der Platte
1	Normal	50 µm
2	Hochempfindlich	30 µm

Abb. 5.8 Anzeigen des Kontrollkörpers 1 nach DIN EN ISO 3452-2 für Eindringmittel [5.14]

t = 10mm   t = 20mm

unterschiedlicher Rauhigkeiten zur Kontrolle der Zwischenreinigung sehr ähnlich ist. Auch ist zur Einschätzung der Empfindlichkeit des Prüfmittels ein maximaler Sterndurchmesser definiert.

5.1.2.4 Kontrollkörper nach JIS Z 2343

Ein Kontrollkörper zum Vergleich zweier Prüfmittelsysteme ist der japanische Kontrollkörper nach JIS Z 2343 [5.10]. Er besteht aus zwei Blechen mit den Maßen $35 \times 100 \times 2$ mm, die auf der Prüffläche eine 30 (m dicke Nickelschicht mit einem Chromüberzug aufweist, in der durch Zugspannungen zahlreiche Querrisse enthalten sind. Die Rissbreite beträgt über die gesamte Prüffläche 1,5 (m bei einer Tiefe von 30 (m. Abb. 5.10 zeigt den Kontrollkörper im Vergleich zweier gleichwertiger Prüfmittelsysteme mit fluoreszierendem Eindringmittel.

Außer den Kontrollkörperkontrollen sind auch der Wasserdruck und die Wassertemperatur bei der Zwischenreinigung wegen der Überwaschungsgefahr und der Viskosität zu überwachen. Die Wassertemperatur wird im ASME-Code mit 43°C und in DIN 54152 mit 37 °C vorgegeben. Wird Pressluft zum Auftragen von Eindringprüfsystemen den betrieblichen Netzen entnommen, so muss ein Ölfilter vorgeschaltet werden.

Abb. 5.9 Kontrollkörper 2 nach DIN EN ISO 3452-3 [5.6]

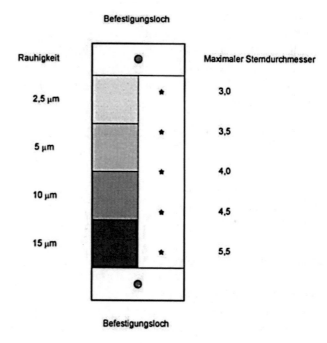

Abb. 5.10 Kontrollkörper nach JIS Z 2343 [5.10]

5.2   Verfahrenskontrollen

5.2.1   Vergleichsmuster aus der Fertigung

Die beste Verfahrenskontrolle lässt sich immer noch mit einem Vergleichsmuster aus der jeweiligen Produktion anstellen, weil diese Teile den Nachweis der Empfindlichkeit des gesamten Prüfsystems am Bauteil unter Vorgabe eines definierten Verfahrensablaufes ermöglichen. Dazu sind Testkörper nicht unmittelbar in der Lage, sie gestatten zumeist nur einen Empfindlichkeitsnachweis unter Standardbedingungen bzw. die Beobachtung einer Veränderung des Prüfmittelsystems. Die Empfindlichkeit eines Prüfmittelsystems ist insbesondere abhängig von

- den Eigenschaften der Prüfmittel,
- dem Verfahrensablauf,
- dem Werkstoff des Prüfstückes,
- dem Oberflächenzustand,
- der Geometrie der Ungänzen.
- der Prüftemperatur.

Stehen also Vergleichs- oder Referenzmuster aus der jeweiligen Fertigung zur Verfügung, so kann die nach der Prüfanweisung einzuhaltende Prüfmittelempfindlichkeit direkt am Bauteil überprüft und unzulässige Veränderungen festgestellt werden. Solche Verfahrenskontrollen werden häufig in Abhängigkeit von einer bestimmten durchzusetzenden Stückzahl oder nach Zeitabständen vorgeschrieben (z.B. nach jeder Schicht).

Die Prüftemperatur stellt dabei eine Besonderheit dar, da sie sich auf die jeweilige Oberflächentemperatur bezieht. Wenn sie Werte über 50°C (DIN EN ISO 3452-5 [5.5]) oder unter 10°C (DIN EN ISO 3452-6 [5.16]) bzw. unter 16°C oder über 52°C (ASME-Code [5.12]) annimmt, muss der Verfahrensablauf diesen Temperaturen angepasst werden. Auch Vergleichsmuster müssen nach Gebrauch entsprechend des Verfahrensablaufes regelmäßig gereinigt werden, beispielsweise in einem Ultraschallbad, um Prüfmittelreste sicher zu entfernen.

5.2.2   Kontrollkörper zur Untersuchung der Prüftemperatur
nach ASME-Code

Wenn es erforderlich ist, eine Eindringprüfung nach ASME-Code außerhalb des Standard-Temperaturbereiches von 16 bis 52 Grad Celsius durchzuführen, ist eine weitergehende Qualifikation der Prüftechnik bei der vorgesehenen Temperatur mit einem Aluminiumblock entsprechend Abb. 5.11 durchzuführen, der mit Härterissen erzeugt wurde.

Der Vergleichsblock für die Überprüfung eines Eindring-Prüfmittelsystems wird nach ASME-Code Sect. 5, Art.6 [5.12] aus ausscheidungsgehärtetem Aluminium, mit einer

Abb. 5.11 Vergleichsblock
nach ASME-Code Sect. V,
Art.6 [5.12]

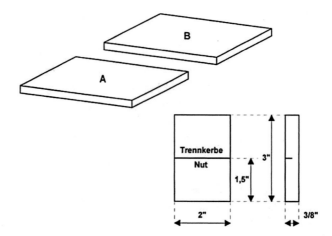

Abb. 5.12 Verfahrensdarstel-
lung zur Herstellung des Vergleichsblockes nach ASME-
Code [5.12]

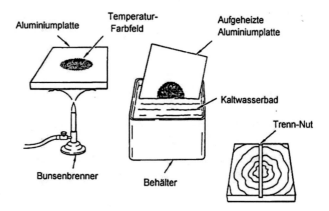

Dicke von 10 mm, hergestellt. Seine Oberfläche soll etwa 50×75 mm groß sein. In der
Mitte einer jeden Fläche soll ein Bereich von etwa 25 mm Durchmesser mit einem Tem-
peratur-Messfarbstift oder einer Temperatur-Messfarbe für 510 Grad Celsius auf der
Vorderseite markiert werden.

Der markierte Bereich ist mit einer Lötlampe, einem Bunsenbrenner oder einer ähn-
lichen Vorrichtung von der Rückseite herauf eine Temperatur zwischen 510 und 525 Grad
Celsius zu erhitzen. Der Probekörper ist dann sofort in kaltem Wasser abzuschrecken,
wobei sich an jeder der Flächen (beidseitig) ein Netz feiner Risse bildet.

Der Block ist anschließend durch Erwärmung auf etwa 150 Grad Celsius zu trocknen.
In der Mitte der Oberflächen kann dann in Querrichtung eine Trennkerbe als Nut mit einer
Tiefe von etwa 1,6 mm und einer Breite von etwa 1,2 mm herausgearbeitet werden. Die
eine Hälfte des Probekörpers ist mit „A" zu bezeichnen und die andere mit „B" (Abb.
5.12).

Wenn die Qualifikation eines Eindring-Prüfmittelsystems bei einer Temperatur unter 16 Grad Celsius gewünscht wird, wird das vorgesehene Prüfmittelsystem auf der Fläche „B" bei der vorgesehenen Temperatur angewendet. Dann wird der Block auf eine Temperatur zwischen 16 und 52 Grad Celsius erwärmt und das Mittel auf die Fläche „A" aufgetragen. Die Anzeigen von Rissen an den Flächen „A" und „B" sind miteinander zu vergleichen. Falls die Anzeigen, die sich unter den vorgesehenen Bedingungen ergeben, im wesentlichen gleich sind wie die, die man bei einer Prüfung bei 16 bis 52 Grad Celsius erhält, darf das vorgesehene Prüfmittel als für die Anwendung qualifiziert betrachtet werden. Ansonsten müssen die Eindring- und Entwicklungszeit entsprechend verlängert werden, bis beide Prüfergebnisse gleich sind.

Wenn die vorgesehene Temperatur für die Prüfung höher als 52 Grad Celsius ist, dann braucht der Block während der Prüfung des Abschnitts „B" lediglich auf dieser Temperatur gehalten zu werden. Dann wird der Block auf eine Temperatur zwischen 16 und 52 Grad Celsius abgekühlt und die Fläche „A" geprüft. Wenn Farb-Eindringmittel verwendet werden, ist es zulässig, die gesamte Fläche des Vergleichsblockes nacheinander im normalen Temperaturbereich und im zu qualifizierenden Bereich anzuwenden. Der Vergleich darf dann über eine Fotografie der Anzeigenflächen erfolgen.

5.2.3 Kontrolle der Auswertungsbedingungen

Eindringanzeigen weisen für das Auge des Betrachters nur dann einen genügend großen Kontrast auf, wenn die Sichtbedingungen ausreichend sind. Die Sichtbedingungen werden überprüft mit einem UV-Meter bei der Fluoreszenz-Eindringprüfung (Abb. 5.13) und einem Luxmeter bei der Farbeindringprüfung (Abb. 5.14). Messgröße ist die einfallende Licht- oder UV-Strahlenmenge pro Flächeneinheit. Dazu ist eine Sonde auf die Werkstückoberfläche zu legen, die über ein Kabel mit dem eigentlichen Messinstrument verbunden ist.

Nach den Regelwerken DIN und ASME sind folgende Messwerte zu erreichen (Tabelle 5.4):

Abb. 5.13 UV-Intensitäts-
messgerät der Fa. Karl Deutsch
[5.13]

Abb. 5.14 Luxmeter zur Messung der Beleuchtungsstärke bei der Weißlichtprüfung und Messung des Fremdlichtanteils bei der fluoreszierenden Prüfung der Fa. Karl Deutsch [5.13]

Tab. 5.4 Mindestwerte der Bestrahlungs- und Beleuchtungsstärke nach DIN und ASME [5.3], [5.12]

Systemgruppe	Messwerte	Mindestwert		optimaler Wert
		DIN EN ISO 3452	ASME	
Fluoreszierende Eindringmittel	Bestrahlungsstärke (UV-Licht)	$10\ W/m^2$	$8\ W/m^2$	$15\ W/m^2$
Farbeindringmittel	Beleuchtungsstärke (Tageslicht)	500 lx	360 lx	1000 lx

Die Zuverlässigkeit bei den Eindringverfahren steht in engem Zusammenhang mit der quantitativ beschreibbaren visuellen Anzeigenerkennbarkeit [5.15] die u.a. von den Eigenschaften der Prüfmittel abhängt. Die Anzeigenerkennbarkeit, auch bezeichnet als Prüfempfindlichkeit oder Eignung (Performance), ist die wichtigste Eigenschaft der Prüfmittel. Sie wird an realen Prüfgegenständen oder an Vergleichskörpern VK (Kontrollkörpern) ermittelt.

Literatur

[5.1] DIN 54152-2, ZfP, Eindringverfahren, Prüfung von Prüfmitteln, Juli 1989;
[5.2] DIN EN 571-1, ZfP, Eindringprüfung, Allgemeine Grundlagen;
[5.3] DIN EN ISO 3452-2, ZfP, Eindringprüfung, Prüfung von Eindringmitteln, Nov. 2006;
[5.4] DIN 54152-3, ZfP, Eindringverfahren, Kontrollkörper und ihre Verwendung zur Ermittlung und Klassifizierung der Empfindlichkeit von Prüfmittelsystemen, Juli 1989;
[5.5] DIN EN ISO 3452-5, ZfP, Eindringprüfung, Eindringprüfung bei Temperaturen über 50°C, April 2009;
[5.6] DIN EN ISO 3452-3, ZfP, Eindringprüfung, Kontrollkörper, Febr. 1999;

[5.7] ASTM D 808, Standard-Prüfmethode für die Bestimmung des Chlorgehalts in Erdölerzeugnissen (Allgemeine Bombenverfahren), 2011;

[5.8] ASTM D 129, Standard-Methode für die Bestimmung des Schwefelgehalts in neuen und verbrauchten Erdölerzeugnissen (Allgemeines Bombenverfahren), 2011;

[5.9] DIN EN ISO 3452-4, ZfP, Eindringprüfung, Geräte, Febr. 1999;

[5.10] JIS Z 2343, Nondestructive Testing, Penetrant Testing, Part 3 Reference Test blocks, April 2001;

[5.11] DIN 54152-1, ZfP, Eindringverfahren, Prüfung von Prüfmitteln, Juli 1989;

[5.12] ASME-Code, Section V, Artikel 6, 1989;

[5.13] Produktinformation der Fa. Karl Deutsch;

[5.14] Stadthaus, Evaluation oft he viewing conditions in fluorescent magnetic particle and penetrant testing, INSIGHT 39 (1997);

[5.15] Stadthaus, Ermittlung der Eignung von Prüfmitteln für die Eindring- und Magnetpulverprüfung nach dem europäischen Regelwerk, DGZfP-Jahrestagung Berlin (2001);

[5.16] DIN EN ISO 3452-6, ZfP, Eindringprüfung, Eindringprüfung bei Temperaturen unter 10°C, April 2009;

[5.17] Schiebold, Skript PT3 LVQ-WP Werkstoffprüfung GmbH;

Ungänzen im Fertigungsprozess und bei der Betriebsbeanspruchung

6

6.1 Ungänzen beim Gießen

Ungänzen in Halbzeugprodukten sind oft ursächlich auf das Erschmelzen, Gießen und Erstarren des Werkstoffes als Gussblock oder als Stranggussbramme zurückzuführen, ehe diese als Block, Bramme oder Knüppel weiterverarbeitet werden.

Bei Gussteilen sind Schmelz- und Gießtemperatur, der Werkstoff mit seinen Legierungsbestandteilen und nicht zuletzt die Eisenbegleitelemente, wie Schwefel und Phosphor von besonderem Einfluss auf das Entstehen derartiger Ungänzen. Beispielsweise sind sie meistens auf die typischen metallurgischen Einflussgrößen zurückzuführen, wie unzulängliches Gießen, falsches Entleeren der Gussstücke aus der Form, überhöhte oder zu niedrige Gießtemperatur und eingeschlossene Gase oder eingeschlossener Formsand. Formstoff und Werkstoff spielen neben den technologischen Einflussgrößen eine bedeutende Rolle.

6.1.1 Gießen als Herstellungsverfahren

Schwierige Geometrien z. B. von Ventilgehäusen in Kraftwerken können oft nicht durch Fügen (z. B. Zusammenschweißen) von Halbzeug hergestellt werden. Die Teile werden dann in einem Stück direkt gegossen. Hierzu benötigt man eine Form, die meistens nach dem Abguss zerstört wird (verlorene Form). Es gibt aber auch Metallformen (z. B. Kokillen), die wieder verwendbar sind. Um die geeignete Form herzustellen, wird in der Regel um ein Modell Formsand verfestigt, dass eine Nachbildung des Gussteils ist. Da die Gussteile meist hohl sind, muss nach dem Entfernen des Modells ein Kern eingeführt werden. Damit der Kern beim Einguss der Schmelze nicht verrutscht, muss er durch Kernstützen gehalten werden. Jede Gussform braucht mindestens einen Einguss (Speiser) und einen Steiger. Durch den Speiser wird das flüssige Metall in die Form gefüllt. Der Steiger dient zum Entweichen von Luft und Verunreinigungen aus der Form (Abb. 6.1).

K. Schiebold, *Zerstörungsfreie Werkstoffprüfung – Eindringprüfung,*
DOI 10.1007/978-3-662-43809-1_6, © Springer-Verlag Berlin Heidelberg 2014

Das Gefüge von Gussteilen und damit die mechanischen Eigenschaften kann nach dem Abguss nur noch durch eine Wärmebehandlung, aber nicht mehr durch Umformen, verändert werden. Daher ist die richtige Wahl der Form, des Formwerkstoffs und der Gießtemperatur entscheidend für die mechanischen Eigenschaften des späteren Gussteils. Die Abkühlgeschwindigkeit wird beispielsweise durch den Formwerkstoff und das Volumen der Form bestimmt. Ziel ist ein Feinkorn-Gefüge an der Oberfläche (= Gusshaut), wodurch eine höhere Festigkeit und eine größere Korrosionsbeständigkeit erreicht werden soll.

Keime entstehen zuerst an der kalten Wand. Da der Temperaturunterschied sehr groß ist, entstehen hier sehr viele Keime gleichzeitig. An diese Keime kristallisiert weitere Schmelze an, so dass die Keime senkrecht zur Wand in die Schmelze wachsen (Abb. 6.2). Die hauptsächlichste Wachstumsrichtung ist die Richtung der besten Wärmeableitung. Ist die Wärmeableitung durch die Wand sehr groß (Kokillenguss), so entstehen lange „dentri-

Abb. 6.1 Gussform [6.1]

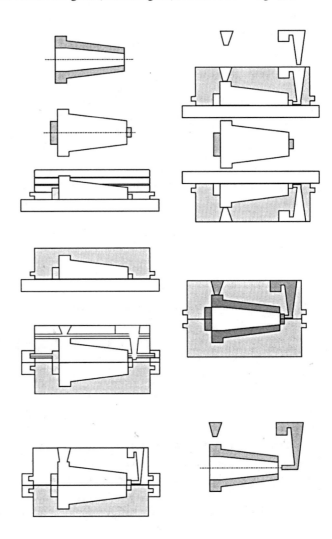

Abb. 6.2 Kristallisation der
Schmelze beim Gießen [6.1]

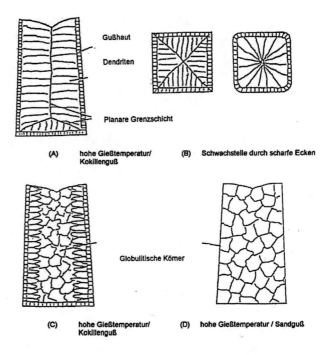

Tab. 6.1 Gießtemperaturen für verschiedene Gusswerkstoffe [6.1]

Gießtemperaturen in Grad Celsius	
Grauguss	1.200 - 1.300
Stahlguss	1.550 - 1.600
Aluminiumguss	630 - 710

tische Kristalle". Ist die Wärmeableitung langsam, ist also keine Vorzugsrichtung vorhanden, so entstehen eher runde, „globulitische Kristalle" (Sandguss).

Eine hohe Gießtemperatur begünstigt die Tendenzen zur Dentridenbildung bei Kokillenguss und zu Grobkornbildung bei Sandguß. Einen guten Kompromiss stellt z. B. ein Gefüge mit der äußeren Gusshaut als Schreckschicht, einer nachfolgenden unterdrückten Dentridenbildung und Globuliten im Innern. Es kann z. B. durch Absenken der Gießtemperatur eingestellt werden, die für einige Gusswerkstoffe in Tabelle 6.1 zusammengestellt worden ist.

Durch Seigerung setzen sich zwischen den Dentriden Verunreinigungen, nichtmetallische Einschlüsse, Oxide, etc. ab. Dies kann für Ultraschall z. B. eine Phasengrenzfläche darstellen, so dass der Schall hier reflektiert, d. h. aus seiner Richtung gelenkt wird und nicht mehr geortet werden kann. Auch Röntgenstrahlung kann z. B. in den Dentriden und zwischen ihnen unterschiedlich geschwächt werden. „Gefügeanzeigen" auf dem Film können dann zu Fehldeutungen führen.

6.1.2 Technische Gießverfahren

Nach dem Stahlgewinnungsprozess muss die Schmelze abgegossen werden. Dies geschieht entweder in Blöcken oder Formen zur Weiterverarbeitung durch Schmieden, Walzen und Pressen oder zu Gussstücken, die im Wesentlichen ihre endgültige, komplizierte Gestalt erhalten. Man unterscheidet folgende Gießverfahren:

- Blockguss,
- Strangguss,
- Kokillenguss,
- Druckguss,
- Schleuderguss,
- Sandguss.

6.1.2.1 Blockguss

Der Stahl wird in metallische Formen aus Gusseisen eingefüllt, die zur Erzielung eines gleichmäßigen Gefüges meist gekühlt werden. Ihre Form und Größe ist vom Weiterverarbeitungsverfahren abhängig.

Beim Blockguss wird die Schmelze direkt aus der Gießpfanne „fallend" oder „steigend" in eine Kokille umgegossen. Beim Gießen im Gespann werden zwei oder mehrere Kokillen über einen Eingusstrichter „steigend" gefüllt (Abb. 6.3).

Bei besonders rissempfindlichen Werkstoffen ist es erforderlich, die Schmelze vor dem endgültigen Vergießen in die Kokille zu entgasen, z.B. um den Wasserstoff zu entfernen bzw. zu reduzieren. Die Schmelze wird folglich zunächst in einer Vakuumpfanne behandelt, ehe sie in die richtige Gießpfanne umgefüllt wird.

Abb. 6.3 Blockguss (Gießen im Gespann) [6.1]

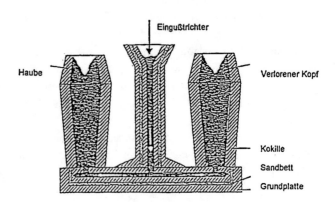

6.1.2.2   Strangguss

Der Grundgedanke des Stranggussverfahrens ist ein kontinuierlicher Abguss, bei dem Lunkerbildung durch „Nachfließen" der ständig vorhandenen Schmelze vermieden wird. Gleichzeitig kann durch Walzen während der Abkühlung die Hohlraumbildung vermieden und ein feinkörniges Gefüge eingestellt werden (Abb. 6.4).

6.1.2.3   Sandguss

Der Sandguss ist wohl die verbreitetste Gießart (Abb. 6.5). Als Sandguss wird sie bezeichnet, weil in den Formkästen Formsand verwendet wird, um die den geometrischen Abmessungen der Gusstücke entsprechenden Modelle zu fixieren.

6.1.2.4   Schleuderguss

Unter dem Begriff Schleuderguss sind Gießverfahren zusammengefasst, bei denen durch Rotation eines Teiles der Gießeinrichtung die Zentrifugalkraft Einfluss auf Form und Kristallisation nimmt. Das Verfahren ist besonders bei der Rohrherstellung aus hochlegierten Stählen interessant, die sich nicht mehr umformen lassen. Man erzielt eine gute Maßhaltigkeit bei feinem Korn (Abb. 4.6).

Abb. 6.4 Strangguss [6.1]

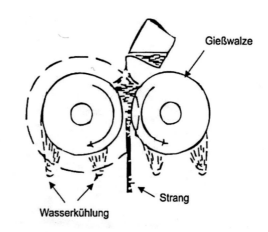

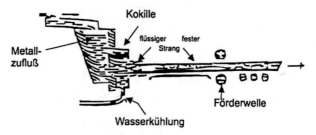

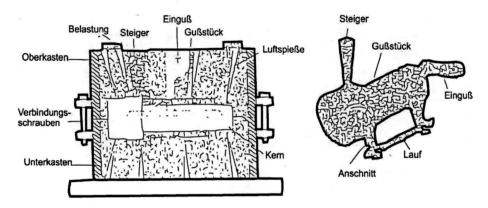

Abb. 6.5 Sandguss, Kastenformverfahren [6.1]

Abb. 6.6 Schleuderformguss
[6.1]

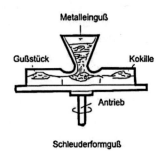

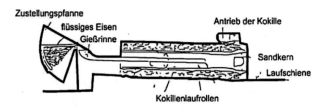

6.1.3   Gussfehler

6.1.3.1   Lunker

Beim Abkühlen reduziert sich das Metallvolumen. Dies gilt auch beim Gießen; hier sind drei Phasen der Volumenminderung festzustellen:

1. Volumenminderung im flüssigen Zustand
2. Volumenminderung im plastischen „teigigen" Zustand: **Schwindung** (Tab. 6.2)
3. Volumenminderung im festen Zustand **Schrumpfung** (Tab. 6.2).

Tab. 6.2 Schwindung und Schrumpfung bei wichtigen Gusswerkstoffen [6.2], [6.3],

Werkstoff	Schwindung in %	Schrumpfung in %
Grauguss	2,8	1,0
Stahlguss	4,5	3,0
Aluminiumguss	5,0	1,3

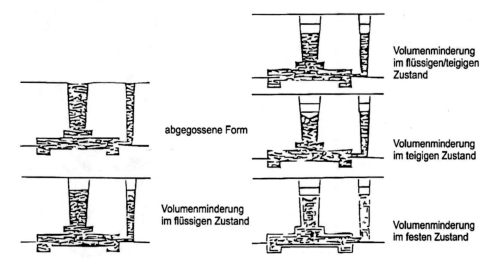

Abb. 6.7 Lunkerbildung [6.1]

Besonders drastisch ist die Volumenminderung beim Übergang flüssig/fest (teigig). Hier treten Schwindlungshohlräume, **Lunker** genannt, auf (Abb. 6.7).

Schrumpfrisse treten deshalb bevorzugt im Bereich großer Wanddickenänderungen auf. In der Abgussform wird der Werkstoff an den Wänden zuerst fest und erstarrt schließlich in Schichten. Beim Übergang flüssig/fest führt jedoch die Volumenminderung dazu, dass die Flüssigkeit im Innern diese ausgleichen muss, wodurch der Spiegel der Schmelze absinkt und ein sog. Kopflunker entsteht, der beim Sandguss durch den Speiser und beim Kokillenguss durch den Blockkopf aufgenommen wird (Abb. 6.8).

Zu 1: Volumenminderung durch Einfluss und Steiger ausgleichbar.
Zu 2: Innen: flüssig; außen: teigig, fest.
    „Flüssigkeit" = Schmelze gleicht Volumenänderungen von innen aus.
Zu 3: Gleichmäßige werkstoffabhängige Volumenkontraktion (= Schrumpfung)

Abb. 6.8 Blocklunker in
einem Stahlblock [6.1]

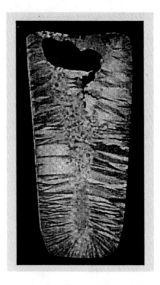

Abb. 6.9 Mikrolunker im
Inneren einer Lagerschale aus
Stahlguss [6.1]

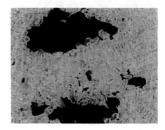

Bei globulitischer Erstarrung im Innern kann zusätzlich zwischen einzelnen Körnern noch Restschmelze liegen, die dann verästelte Hohlräume zwischen den Körnern hinterlässt. Es entstehen Mikrolunker, Gasblasen, schwammiges Gefüge (Abb. 6.9).

6.1.3.2 Warmrisse

Bei hochlegierten Werkstoffen besteht der letzte Rest Schmelze zwischen den Kristallen oft aus niedrigschmelzendem Material. Es kann sich dabei z.B. um Schwefel, Sauerstoff oder Phosphorverbindungen handeln, die als „Seigerungen" zwischen den bereits festen Körnern noch flüssig sind, wenn aufgrund der Volumenschrumpfung im Gussteil bereits starke mechanische Spannungen auftreten (Abb. 6.10).

Diese mechanischen Spannungen kann der Werkstoff dann nicht mehr aufnehmen, er reißt längs der Flüssigkeitsfilme. Ähnliche Erscheinungen gibt es auch bei der Abkühlung von Schweißgut am Endkrater (Endkraterrisse). Risse, unabhängig von ihrer Art, ergeben bei der Eindringprüfung fast durchweg lineare Anzeigen. Solche Anzeigen sind in den meisten Regelwerken unzulässig (HP 5/3).

Abb. 6.10 Warmrissbildung
[6.1]

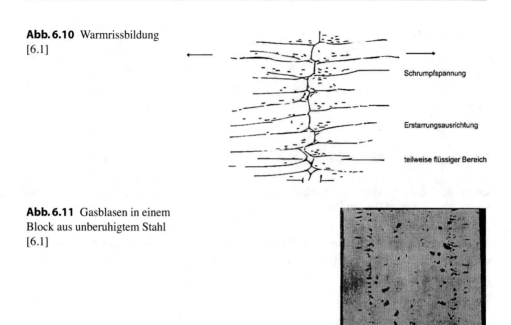

Schrumpfspannung

Erstarrungsausrichtung

teilweise flüssiger Bereich

Abb. 6.11 Gasblasen in einem
Block aus unberuhigtem Stahl
[6.1]

6.1.3.3 Poren

Eine Schmelze enthält im Gegensatz zum Feststoff eine große Menge an gelöstem Gas. Dieses Gas muss beim Festwerden aus dem Metall verschwinden. Es ballt sich meist an der Grenzfläche flüssig/fest zu Gasblasen zusammen und entweicht durch die noch flüssige Schmelze an die Luft oder in den Formsand. Dazu braucht das Gas Zeit. Erstarrt die Schmelze zu schnell, so können diese Blasen „eingefroren" werden und zur Porenbildung führen. Abb. 6.11 zeigt Gasblasen in einem Block aus unberuhigtem Stahl. Porosität erzeugt im Eindringbild weitestgehend rundliche Anzeigen.

6.1.3.4 Sand- und Schlackeneinschlüsse

Abplatzen des Formsandes beim Verfüllen der Form führt zu warzenartigen Erscheinungen (Schülpen) an der Oberfläche und zu Sandeinschlüssen im Innern des Gusswerkstoffes. Durch Desoxidationsvorgänge und Reaktion mit feuerfesten Auskleidungsstoffen entstehen nichtmetallische Produkte, die ebenfalls im Werkstückinnern „eingefroren" werden können (Schlacken).

6.1.3.5 Kernstützen

Kernstützen bei Hohlteilen dienen dazu, die Form so abzustützen, dass sie nicht verrutscht und so die Maßgenauigkeit gefährdet wird. Kernstützen bestehen aus demselben Material wie das Gussteil. Sie werden mit dem Gusswerkstoff verschweißt. Ist die Stütze ankorrodiert, ölig oder schmutzig, so gelingt das Verschweißen nicht und es entsteht eine Art von „Bindefehler" zwischen Gusswerkstoff und Kernstütze. Diese Erscheinung ist als Fehler zu werten („unverschweißte Kernstützen"), die die Bauteilhaltbarkeit entscheidend beeinträchtigt.

6.2 Ungänzen beim Umformen

Derartige Ungänzen sind als **verarbeitungsbedingte Ungänzen** einerseits ursächlich zurückzuführen auf Ungänzen im Block, wie Lunker, Schlacken oder Seigerungen. Man nennt sie „inhärente" bzw. verschleppte Fehler. Sie erhalten eine Verformung durch Walzen, Schmieden und Plattieren. Andererseits können verarbeitungsbedingte Ungänzen durch die Umformung selbst verursacht werden, wie z.B. Überwalzungen oder Zerschmiedungen.

6.2.1 Ungänzen beim Walzen

Wenn eine Bramme zu Blech oder Band flachgewalzt und gestreckt wird, können u.U. vom Kopflunker oder den damit verbundenen Bereichen nichtmetallische Einschlüsse bzw. Schlacken dopplungsartige Ungänzen entstehen (Abb. 6.12), wenn die Bramme nicht ausreichend geschopft wird.

Während ein Block in Stabmaterial umgeformt wird, werden die nichtmetallischen Einschlüsse in längere und dünnere Ungänzen ausgewalzt, die Schlackenzeilen genannt werden (Abb. 6.13).

Abb. 6.12 Typische Art und Lage dopplungsartiger Ungänzen [6.1]

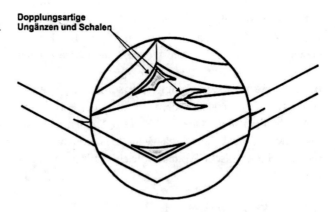

Dopplungsartige
Ungänzen und Schalen

Abb. 6.13 Entstehung von
Schlackenzeilen [6.1]

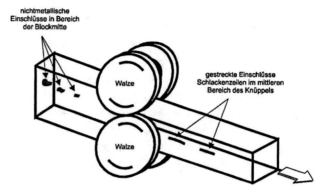

6.2.2 Ungänzen beim Schmieden

Die Herstellung von Schmiedestücken erfolgt in einer Erzeugniskette von der Erschmelzung, dem Abguss, der Verformung, der Wärmebehandlung und der mechanischen Bearbeitung. Aus jeder dieser Prozessstufen können Fehler resultieren, die der Eindringprüfer
als Anzeigen bewerten muss. Deshalb sind Kenntnisse des Herstellungsprozesses unab-
dingbar für die Entscheidungsfindung fehlerhafter Schmiedestücke, obwohl oft metallo-
grafische Untersuchungen gefragt sind, um die Fehlerursachen eindeutig zu klären.

Bereits die Erschmelzung und das Abgießen haben Einfluss auf nachfolgende Fehler im
Schmiedestück. Man bezeichnet solche Fehler auch als inhärente oder verschleppte Un-
gänzen, weil ihre Entstehung nicht im Umformprozess begründet ist. Werden Schmelz-
oder Gießtemperaturen nicht eingehalten, können aus einer zu „matten" Schmelze mit zu
niedrigen Gießtemperaturen vorzugsweise nichtmetallische Einschlüsse und bei zu hohen
Gießtemperaturen Lunkerbildung nachgewiesen werden. Das gilt insbesondere für den
Kokillenguss in Abhängigkeit vom Blockformat und vom Werkstoff des Gussblockes.
Beim Abgießen eines Blockes in der Kokille können auch exogene Fremdkörper oder Einschlüsse in den Schmiedeblock gelangen, beispielsweise Teile der Ofen- oder Kokillen-
ausmauerung, speziell von der Blockhaube.

Aufgrund der Rissempfindlichkeit bestimmter, besonders legierter Werkstoffe, müssen
diese Blöcke unmittelbar nach dem Ziehen aus der Kokille im Schmiedeofen zur Verformung vorbereitet werden. Man bezeichnet diesen Vorgang als Warmübergabe, welche aus
energetischen Gründen generell anzustreben ist. Falls keine Warmübergabe erfolgt, müssen die Blöcke auf einem Ofen geregelt warmgehalten oder abgeheizt werden, weil sonst
Risse entstehen können, die wenn sie oxidiert sind, nicht mehr verschweißen.

Beim Verformungsprozess unterscheidet man das Freiform- und das Gesenkschmieden.
In beiden Fällen sind die Einsatz- und die Endtemperaturen beim Schmieden von großer
Bedeutung. Die Einsatztemperatur entscheidet oft über die Verformungsfähigkeit nicht-
metallischer Einschlüsse aus dem Gussblock. Insbesondere silikatische, und oxidische
Einschlüsse können sich bei Unterschreitung bestimmter Temperaturgrenzen nicht mehr

mitverformen und ergeben durch den Verformungsvorgang trennungsartige Anzeigen, so dass sie kaum von Rissen zu unterscheiden sind. Wird die Schmiedeendtemperatur nicht eingehalten, so können Kernzerschmiedungen die Folge sein.

Beim Freiformschmieden sind Fehler durch das Stauchen eines Schmiedeblockes wahrscheinlicher als durch das Reckschmieden, weil der Block vielfach senkrecht zum Faserverlauf verformt wird. Hierbei findet der Prüfer teilweise sehr grobe Fehler, wie Zerschmiedungen und Querrisse, wenn sie durch mechanische Bearbeitung oder durch Trennschneiden, wie z.B. bei Mehrfachschmiedestücken, freigelegt werden. Ähnliches trifft auch auf sogenannte Aufweitungsprozesse (Stauchprozesse) zur Erzeugung von Ringen, Hohlkörpern oder Bandagen zu. Kernversatz ist eine mögliche Folge fehlerhafter Arbeitsweise.

Eine Zerschmiedung entsteht während des Schmiedevorgangs im Allgemeinen bei zu niedrigen Schmiedetemperaturen, teilweise jedoch auch bei der Verwendung falscher Schmiedesättel, z.B. wenn bei geringem Durchmesser anstelle eines Rundsattels ein Flachsattel benutzt wird. Kernzerschmiedungen sind von Kernlunkern vor allem dann zu unterscheiden, wenn ein zu großer Querschnitt vorliegt, so dass der Kern nicht mehr aufreißen kann. Bei Querabmessungen über 250 mm wird das Auftreten von Kernzerschmiedungen unwahrscheinlich. Solche Fehler werden zumeist nur mit der Eindring- oder Magnetpulverprüfung festgestellt, wenn sie durch Trennschneiden oder mechanische Bearbeitung offengelegt worden sind (Abb. 6.14).

Beim Reckschmieden wird der Rohblock nach dem Vorschmieden eingeteilt und ständig entsprechend den erforderlichen Querabmessungen im Durchmesser verjüngt. Dadurch wird er gestreckt und alle Fehler im Inneren auch. Das kann dazu führen, dass Hohlräume, sofern sie nicht oxydiert sind, wieder verschweißen und bringt mit Sicherheit eine Streckung ehemals nahezu runder Einschlüsse in längliche Formen. In Abb. 6.15 sind die häufigsten an einem Schmiedestück zu beobachtenden Fehler zusammengefasst dargestellt.

Fehler als Pulverabdrücke von geschmiedetem Stangenmaterial zeigen die Abb. 6.16 und 6.17.

Beim Gesenkschmieden wird das auf Schmiedetemperatur erhitzte Ausgangsprodukt in einem freiform geschmiedeten Gesenk geschlagen und nimmt dabei die Form der Gesenkgravur an (Abb. 6.18).

Abb. 6.14 Formen innerer und äußerer Ungänzen durch Zerschmiedung [6.1]

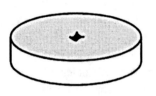

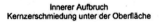

Innerer Aufbruch
Kernzerschmiedung unter der Oberfläche

Äußerer Aufbruch
Risse offen zur Oberfläche

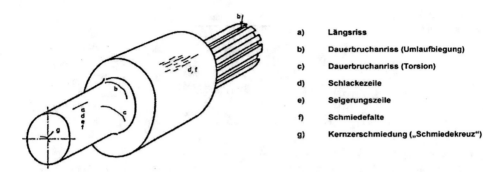

a) Längsriss

b) Dauerbruchanriss (Umlaufbiegung)

c) Dauerbruchanriss (Torsion)

d) Schlackezeile

e) Seigerungszeile

f) Schmiedefalte

g) Kernzerschmiedung („Schmiedekreuz")

Abb. 6.15 Verschiedene Fehlerarten an einem Freiformschmiedestück [6.1]

Abb. 6.16 Überwalzung [6.1]

Abb. 6.17 Längsriss [6.1]

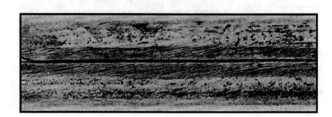

Typische Fehlerarten beim Gesenkschmieden sind Oberflächenrisse durch Materialverbrennungen und Korngrenzenschädigungen, Gratbildung durch mangelhafte Werkzeuge und Schmiedeüberlappungen.

Eine Schmiedeüberlappung entsteht durch das Übereinanderlegen bzw. Falten von Oberflächenpartien des Schmiedestücks beim Herausarbeiten der Konturen. Abb. 6.19 demonstriert beispielsweise Schmiedeüberlappungen an einem Gesenkschmiedestück. Die Überlappung entsteht meistens dann, wenn etwas vom geschmiedeten Metall zwischen den zwei Gesenkschalen herausquetscht wird. Sie hat bei der Eindringprüfung zumeist dasselbe Aussehen wie eine Schmiedefalte beim Freiformschmieden in Form einer teilweise unterbrochenen Linie.

Verschiedene Fehlerarten an einem Gesenkschmiedestück sind in Abb. 6.20 wiedergegeben und Abb. 6.21 zeigt die Anzeige einer Schmiedefalte an einer Pleuelstange.

Eine Mischform zwischen Freiform- und Gesenkschmieden stellt das sogenannte Faserflussverfahren bei der Herstellung von großen Kurbelwellen dar, z.B. für Schiffsdiesel-

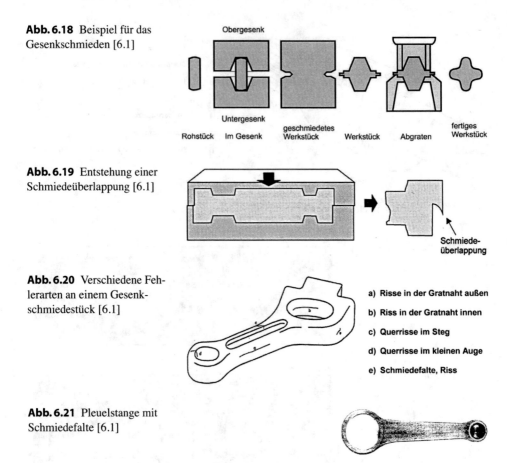

Abb. 6.18 Beispiel für das Gesenkschmieden [6.1]

Abb. 6.19 Entstehung einer Schmiedeüberlappung [6.1]

Abb. 6.20 Verschiedene Fehlerarten an einem Gesenkschmiedestück [6.1]

a) Risse in der Gratnaht außen

b) Riss in der Gratnaht innen

c) Querrisse im Steg

d) Querrisse im kleinen Auge

e) Schmiedefalte, Riss

Abb. 6.21 Pleuelstange mit Schmiedefalte [6.1]

motoren. Dabei wird zunächst eine entsprechend glatte Welle vorgeschmiedet, die Lager- und Hubbereiche durch mechanische Bearbeitung abgesetzt und eingeteilt, und nach einer definierten Anzahl von Zwischenwärmprozessen in den Stauchpresswerkzeugen, die in einer Freiformpresse aufgenommen sind, plastisch in die Endform der Kurbelwelle gebracht. Die Eindringprüfung solcher Kurbelwellen wird deshalb wirklich nur oberflächenbedingte Ungänzen aufdecken helfen, weil der Faserverlauf in der Kurbelwelle der Verformungsrichtung folgt und damit die Ungänzen auch, so daß ein Anschneiden von Ungänzen durch mechanische Bearbeitung wie beim Freiformschmieden nicht auftritt.

6.3   Ungänzen in plattierten Bauteilen

Plattierungen kennt man als Auftragungen von Edelstahl oder Silber auf ferritisch perlitischem Stahl. Für die Fertigung von Druckbehältern ist oft neben ausreichender Festigkeit eine hohe Korrosionsbeständigkeit gegenüber gasförmigen und flüssigen Medien gefordert. Daher wird oft auf ein ferritisches Kesselblech, das zwar ausreichende Festigkeit aber niedrige Korrosionsbeständigkeit besitzt, ein austenitischer oder nickelbasislegierter Werkstoff aufgebracht, der zwar relativ niedrige Festigkeit aber hohe Korrosionsbeständigkeit aufweist.

Es gibt verschiedene Verfahren zur Herstellung von Plattierungen, wie z.B. Galvanisches Plattieren, Walzplattieren, Sprengplattieren oder Schweißplattieren (Auftragsschweißen). Im (nuklearen) Anlagenbau ist das Schweißplattieren das verbreitetste Herstellungsverfahren und wird ausgeführt durch

- MIG-Schweißen mit Bandelektrode,
- Plasma-Schweißen,
- UP-Vieldrahtschweißen (s. Abb. 6.22),
- E-Hand-Schweißen,
- UP-Schweißen mit Bandelektrode (s. Abb. 6.23).

Aufgrund der geringen Aufmischung, der hohen Abschmelzleistung und der relativ glatten Oberfläche wird heute bevorzugt das UP-Schweißen mit Bandelektrode angewendet. Allerdings ist, wie generell beim UP-Schweißen, auch hier kein Schweißen unter Zwangslage möglich.

Hochlegiertes Schweißgut löst sich beim Auftragsschweißprozeß von niedriglegiertem, aber höher kohlenstoffhaltigem Trägerwerkstoff auf. In diesem Bereich zwischen den Werkstoffen, „Interface" genannt, entsteht ein Mischwerkstoff „Aufmischung", der aufhärtungsempfindlich ist. Beim Abkühlen oder während einer anschließenden Wärmebehandlung können daher in diesem Bereich Risse entstehen. Die Ausdehnung dieser Risse ist im Allgemeinen nicht kleiner als 3×3 mm.

Abb. 6.22 UP-Vieldrahtschweißen [6.1]

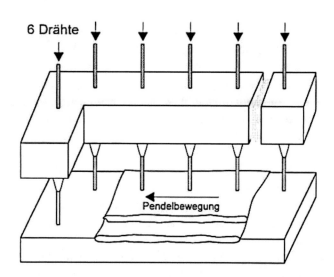

Abb. 6.23 UP-Schweißen mit
Bandelektrode [6.1]

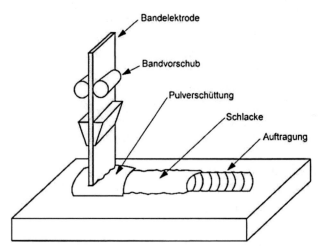

Wird das Schweißgut nicht mit dem Trägerwerkstoff vermischt, so entsteht ein Bindefehler statt des Interfaces. Andererseits sollte das Ausmaß der Aufmischung möglichst gering gehalten werden, um eine Beeinträchtigung der Korrosionsfestigkeit des Auftragswerkstoffs zu vermeiden und die Zahl der Lagen gering zu halten. In den Zwickeln zwischen sich überlappenden Schweißlagen können sich Schlackeneinschlüsse bilden. Hinzu kommen schweißnahtübliche Fehler, wie z.B. Porosität etc.

Die Art des anzuwendenden Prüfverfahrens ist abhängig vom Zeitpunkt der Fertigung. Nach ASME-Code, Sect. III, ist z.B. die Trägerwerkstoffoberfläche vor dem Schweißen einer Magnetstreufluss- oder Eindringprüfung zu unterziehen. Nach dem Schweißen bzw. möglichst erst nach einer Wärmebehandlung erfolgt die Ultraschallprüfung.

6.4   Ungänzen bei der Wärmebehandlung

Man unterscheidet eine Vielzahl von Wärmebehandlungsmethoden.

Das **Spannungsarmglühen** dient dem Abbau von Spannungen nach Fügeprozessen (Schweißen, Gießen) mit dem Ziel der Vermeidung von Verzug und vor allem von Rissen.

Unter **Normalisieren** versteht man die Herstellung eines gleichmäßigen feinkörnigen Gefüges. **Vergüten** ist eine Wärmebehandlung, die die Einstellung eines speziellen Gefüges bei Optimierung von Werkstoffkennwerten (Zähigkeit und Härte) ermöglicht. Weisen die verschweißten Werkstoffe Kohlenstoffgehalte von ca. 0,5% und mehr auf, können mit zunehmendem Kohlenstoffgehalt Aufhärtungserscheinungen speziell in den Randzonen (Wärmeeinflusszonen) der Schweißverbindungen zu Rissen führen, wie Abb. 6.24 zeigt.

Zu den klassischen bei der Oberflächenrissprüfung aufzudeckenden Ungänzen gehören Härterisse (Abb. 6.25). Sie entstehen beim Härten, wenn der Werkstoff die hohen Abküh-

Abb. 6.24 Anriss in der Wärmeeinflusszone [6.1]

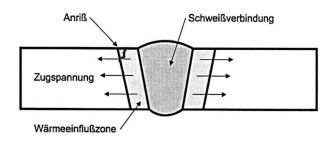

Abb. 6.25 Härterisse an einem
Stanzwerkzeug [6.1]

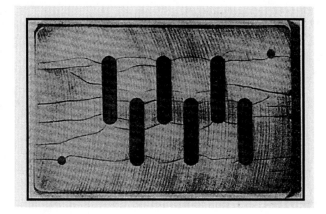

lungsspannungen beim Abschrecken des Prüfstückes nach dem Austenitisieren nicht mehr
auffangen kann und seine Zerreißfestigkeit überschritten wird.

Nach dem Verformungsprozess müssen die meisten Schmiedestücke im Wärmebehandlungsofen gesammelt und geregelt abgekühlt werden, weil sich sonst insbesondere
bei legierten Werkstücken und nicht entgasten Blöcken sogenannte Flockenrisse bilden
können. Sie treten meistens völlig regellos orientiert über den Querschnitt auf (Abb. 6.26).
Es handelt sich um wasserstoffinduzierte Spannungsrisse. Flockenrisse haben in Abhängigkeit vom Werkstoff und der Werkstückgeometrie vielfältige Erscheinungsformen im
metallografischen Befund. Sie sind oft nur schwer von Seigerungsrissen zu trennen, die
ähnliche Ursachen haben. Speziell bei Gesenkwerkstoffen, wie beim 56 NiCrMoV7.4 oder
überhaupt ähnlich legierten CrNi oder MnV-Stählen, besteht die Gefahr der Flockenbil-
dung. Sie setzt meistens erst bei Temperaturen unterhalb 200° C ein, so dass das Sammeln
der Schmiedestücke im Wärmebehandlungsofen oberhalb dieser Temperaturen (≥ 250°C
als „Soaken bezeichnet) erfolgen muss, wenn Flocken durch zu „kaltes Ablegen" auf dem
Hüttenflur vermieden werden sollen.

Auch Spannungsrisse (Abb. 6.27), vielfach an Querschnittsübergängen großer Schmiedestücke aus Werkstoffen mit hohem Kohlenstoffgehalt (z.B. Kaltwalzen) können durch
Abkühlungs- und Umwandlungsspannungen verursacht in der Folge eines zu großen Tem-
peraturgradienten zwischen Rand und Kern entstehen, insbesondere wenn die Werkstücke
zu schnell oder ungleichmäßig erwärmt oder abgekühlt werden.

Abb. 6.26 Flockenrisse an
einem Generatorläufer [6.1]

Abb. 6.27 Spannungsriss im
Magnetpulverbild [6.1]

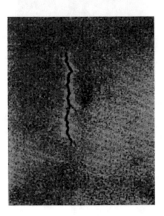

6.5   Ungänzen beim Schweißen

6.5.1   Schweißverfahren

Um zwei Vormaterialteile bleibend miteinander zu verbinden, muss diesen Energie zugeführt werden, welche die jeweiligen Werkstoffe in einen Zustand versetzen, dass sie sich
miteinander mischen bzw. verzahnen können. Diese Energie wird entweder durch Pressen
oder durch Schmelzen zugeführt. Man unterscheidet daher zwischen Press- und Schmelzschweißverfahren. Im Anlagenbau werden Schmelzschweißverfahren bevorzugt, bei
denen flüssiger Zusatzwerkstoff in eine vorbereitete Fuge zwischen den Vormaterialien
eingefüllt wird. Der Energielieferant ist bei den gebräuchlichsten Schmelzschweißverfahren der elektrische Strom (Lichtbogen). In der Folge soll über das Lichtbogenhand-
schweißen, das Metall-Schutzgasschweißen und das Unter-Pulver-Schweißen gesprochen
werden. Das Gasschweißen, das die Schweißenergie mit einer Sauerstoff-Acetylen-Flam-
me liefert, wird hier nicht behandelt.

6.5.1.1   Lichtbogenhandschweißen
Beim Lichtbogenschweißen (Abb. 6.28) wird eine ummantelte Stabelektrode über einen
Transformator (bzw. Gleichrichter) in einen Stromkreis mit dem Werkstück geschaltet.
Zwischen der Elektrode und dem Werkstück besteht keine metallisch leitende Verbindung.

Abb. 6.28 Lichtbogenhand-
schweißen [6.1]

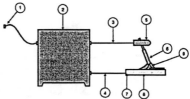

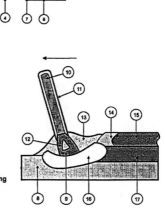

1. Netzanschluss
2. Schweißstromquelle
3. Schweißstromleiter (Elektrode)
4. Schweißstromleiter (Werkstück)
5. Stabelektrodenhalter
6. Stabelektrode
7. Werkstückklemme
8. Werkstück
9. Lichtbogen
10. Stabelektrodenkernstab
11. Stabelektrodenumhüllung
12. Tropfenübergang
13. schützende Gase aus d. Stabelektrodenumhüllung
14. flüssige Schlacke
15. feste Schlacke
16. flüssiges Schweißgut
17. festes Schweißgut

Der elektrische Strom muss durch die Luft fließen und bildet einen sogenannten Lichtbogen. In diesem Lichtbogen schmilzt der metallische Kernstab der Elektrode ab und fällt tropfenweise in die vorbereitete Schweißfuge.

Luft ist normalerweise ein elektrischer Nichtleiter und würde Entladungen zwischen Stabende und Werkstück nur stoßweise zulassen. Die Umhüllung der Elektrode enthält eine Reihe von Stoffen, die als Ionen (geladene Teilchen) in den Lichtbogen abgegeben werden und die Luft leitend machen. Andere Stoffe im Mantel geben Kohlendioxid ab, ein unbrennbares Gas, das die flüssigen Metalltropfen vor Oxidation und Luftsauerstoff schützt, bis sie die Fuge erreicht haben. Zusätzlich liefert der Lichtbogen Energie, die den Grundwerkstoff aufschmilzt, so dass eine Bindung zwischen Grundwerkstoff und erstarrendem Zusatzwerkstoff entstehen kann. Elektroden sind nicht biegbare Stäbe von einigen Dezimetern Länge und einigen Millimetern Durchmesser. Daher muss der Schweißvorgang immer wieder unterbrochen werden und eine neue Elektrode in den Halter eingespannt werden, so dass die Gefahr von Ansatzfehlern besteht. Das Verfahren ist nicht automatisierbar. Es wird bevorzugt auf Baustellen eingesetzt.

6.5.1.2 Unterpulverschweißen (UP)

Gut automatisierbar ist dagegen das UP-Schweißen (Abb. 6.29). Der Lichtbogen „brennt" bei diesem Verfahren zwischen einem biegsamen Draht und dem Werkstück. Das Ummantelungsmaterial der Elektrode wird hier in Pulverform vor dem Draht in die Fuge gefüllt und der Lichtbogen brennt unter dem Pulver in dieser Fuge. Der Draht wird über eine Rolle (Haspel) kontinuierlich nachgeführt, so dass die Länge des Lichtbogens konstant

Abb. 6.29 Unterpulverschweißen [6.1]

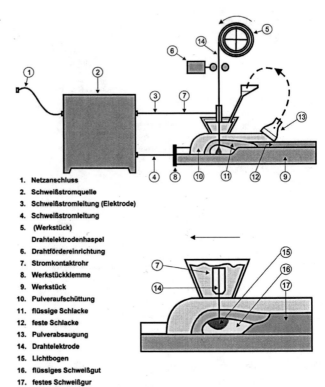

1. Netzanschluss
2. Schweißstromquelle
3. Schweißstromleitung (Elektrode)
4. Schweißstromleitung
5. (Werkstück)
    Drahtelektrodenhaspel
6. Drahtfördereinrichtung
7. Stromkontaktrohr
8. Werkstückklemme
9. Werkstück
10. Pulveraufschüttung
11. flüssige Schlacke
12. feste Schlacke
13. Pulverabsaugung
14. Drahtelektrode
15. Lichtbogen
16. flüssiges Schweißgut
17. festes Schweißgur

bleibt. Das Verfahren liefert große Schweißbäder, glatte Nahtoberflächen fast ohne Schup-
pung und wird z.B. viel in der Großrohrfertigung eingesetzt.

6.5.1.3   Metallschutzgasschweißen (MIG/MAG)

Ebenfalls gut automatisierbar ist das Metallschutzgasschweißen. Grob gesagt arbeitet es
ähnlich wie das Unterpulverschweißen; der Schutz des flüssigen Schweißgutes wird hier
jedoch **nicht** durch Pulver, sondern durch einen kontinuierlichen Strom von Schutzgas, der
den Lichtbogen umspült, gewährleistet. Dieses Schutzgas kann:

Inertgas (Helium oder Argon = Metall-Inert-Gas = MIG)

oder

Aktivgas (Kohlendioxid = Metall-Aktiv-Gas = MAG sein (Abb. 6.30).

6.5.1.4   Wolfram-Inertgasschweißen (WIG)

Das Wolframinertgasschweißen unterscheidet sich vom Metallschutzgasschweißén dadurch, dass der Lichtbogen zwischen einer nichtabschmelzenden Wolframelektrode und

Abb. 6.30 Metallschutzgasschweißen [6.1]

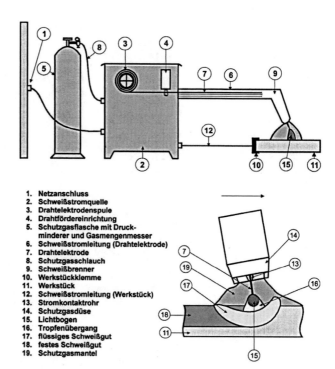

1. Netzanschluss
2. Schweißstromquelle
3. Drahtelektrodenspule
4. Drahtfördereinrichtung
5. Schutzgasflasche mit Druck-
   minderer und Gasmengenmesser
6. Schweißstromleitung (Drahtelektrode)
7. Drahtelektrode
8. Schutzgasschlauch
9. Schweißbrenner
10. Werkstückklemme
11. Werkstück
12. Schweißstromleitung (Werkstück)
13. Stromkontaktrohr
14. Schutzgasdüse
15. Lichtbogen
16. Tropfenübergang
17. flüssiges Schweißgut
18. festes Schweißgut
19. Schutzgasmantel

dem Werkstück brennt. Der Zusatzwerkstoff wird durch einen per Hand in den Lichtbogen gehaltenen Draht zugeführt. Die Schweißgeschwindigkeit kann der Operateur bestimmen, der Schweißvorgang kann genau mit dem Auge verfolgt werden. Das Verfahren wird im Anlagenbau bei besonders kritischen Arbeiten, z.B. bei mehrlagigen Nähten zur Herstellung der Wurzellage verwendet (Abb. 6.31).

6.5.2 Stoß- und Fugenformen

Der Begriff „Stoßform" kennzeichnet die geometrische Konfiguration der miteinander zu verbindenden Teile an der Verbindungslinie. Im Anlagenbau kommen am häufigsten Stumpf- und T-Stöße (Abb. 6.32) vor, wenn die Teile höheren Beanspruchungen ausgesetzt sind.

In Abb. 6.33 sind vier Möglichkeiten für Kesselbödenanschlüsse dargestellt. Während die Anschlüsse A und B für niedrige Beanspruchung gewählt werden, sind die Anschlussarten C und D für hohe und höchste Beanspruchungen geeignet. Der Aufwand bzgl. die Nahtvorbereitung und Bereitstellung von Formteilen etc. steigen. A entspricht einem Eckstoß, B einem Überlappstoß, C einem T-Stoß und D einem Stumpfstoß.

Der Begriff „Fugenform" kennzeichnet die Nahtvorbereitung und ist in Fertigungszeichnungen meist in Detailskizzen zu finden. Besonders wichtig für den Prüfer kann der Öffnungswinkel der meist wannenartig vorbereiteten Nähte für die spätere Prüfung sein (Flankenwinkel), um einen geeigneten Einschall- oder Einstrahlwinkel zu wählen. Grund-

Abb. 6.31 Wolframintergas-
schweißen [6.1]

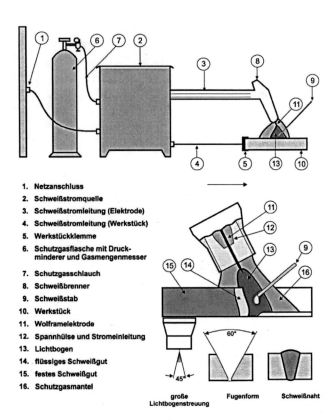

1. **Netzanschluss**
2. **Schweißstromquelle**
3. **Schweißstromleitung (Elektrode)**
4. **Schweißstromleitung (Werkstück)**
5. **Werkstückklemme**
6. **Schutzgasflasche mit Druck-**
   minderer und Gasmengenmesser
7. **Schutzgasschlauch**
8. **Schweißbrenner**
9. **Schweißstab**
10. **Werkstück**
11. **Wolframelektrode**
12. **Spannhülse und Stromeinleitung**
13. **Lichtbogen**
14. **flüssiges Schweißgut**
15. **festes Schweißgut**
16. **Schutzgasmantel**

große
Lichtbogenstreuung   Fugenform   Schweißnaht

sätzlich unterscheidet man die Fugenformen nach ihrer Geometrie: Zu verbindende Flächen können parallel verarbeitet sein. Dann spricht man bei Stumpfstößen von I – Nähten und bei allen anderen Stoßformen von Kehlnähten. Bei nichtparalleler Vorbereitung erfolgt die Benennung nach Schnittzeichnung. Man spricht von V- und Y-Nähten (Abb. 6.34). Beispielsweise werden X – Nähte als Doppel- V – Nähte bezeichnet.

Für verschiedene Konstruktionsmöglichkeiten im Anlagenbau gibt Abb. 6.35 ein Beispiel. Verschiedene Stutzenformen sind dargestellt: (A)-Kehlnaht und HV-Naht, (B)-Kehlnaht und DHV-Naht, (C) 2 Stumpfnähte über Formstück.

Abb. 6.36 zeigt eine Detailzeichnung von Verbindungen von Wärmetauscherrohren mit Rohrböden:

6.5.3   Der Aufbau von Schweißnähten

Flüssiges Schweißgut wird in eine Fuge zwischen den Grundwerkstoffen gebracht und unter Anschmelzen des Grundwerkstoffes entsteht eine Verbindung Grundwerkstoff-Schweißgut-Grundwerkstoff. Der Aufbau einer solchen Naht ist fertigungsabhängig: Wird

Abb. 6.32 Stoßformen [6.1]

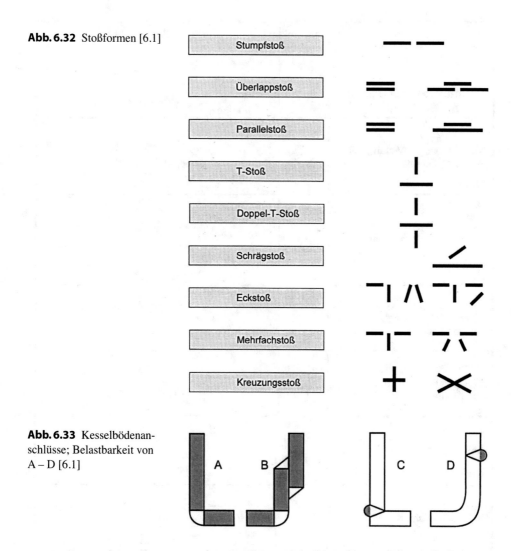

Abb. 6.33 Kesselbödenanschlüsse; Belastbarkeit von
A – D [6.1]

das gesamte Schweißgut auf einmal in die Fuge gefüllt, so spricht man von Einlagenschweißung. Das Gefüge ist dann meist stengelartig wie ein Gussgefüge. Diese Stengelstruktur läßt sich im Falle eines ferritischen Stahls durch Wärmebehandlung beseitigen.
Bei mehrlagigen Schweißungen wird die Stengelstruktur vermieden, da jede überliegende
Lage die untere Lage quasi wärmebehandelt (Abb. 6.37). Bei austenitischen Nähten muss
mehrlagig nach Strichraupentechnik geschweißt werden, da bei diesem Material die Gefahr der Heißrissbildung zu groß wäre.

   In der Fuge erstarrt der Zusatzwerkstoff zu festem Schweißgut. die dabei freiwerdende
Wärme wird durch den Grundwerkstoff abgeleitet. Dabei wird er auf einer Breite von einigen Zentimetern neben dem Schweißgut auf so hohe Temperatur erhitzt, dass seine me-

Nahtart	Symbol	Bild
V-Naht mit ebener Oberfläche	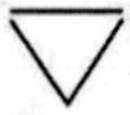	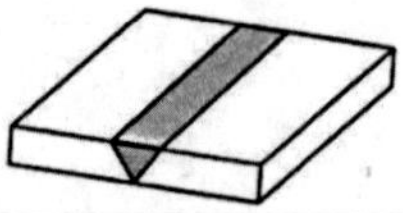
Doppel V-Naht (DV-Naht) mit gewölbten Oberflächen		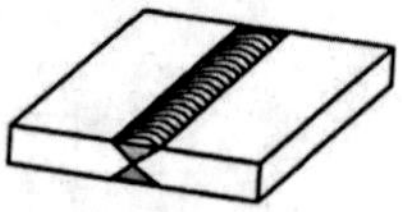
Kehlnaht mit hohler Oberfläche		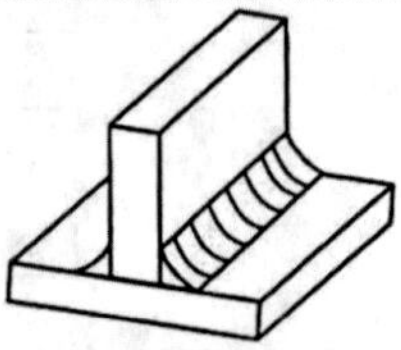
V-Naht mit Gegenlage und ebenen Oberflächen		
I-Naht mit beidseitig gewölbten Oberflächen, z.B. Wulstnaht		
Doppel V-Naht (X-Naht)		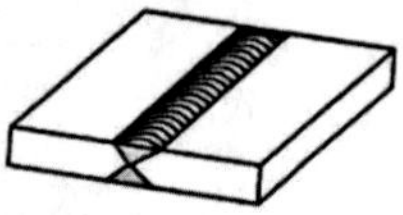
Doppel HV-Naht (K-Naht)		
Doppel Y-Naht	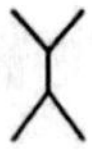	
Doppel HY-Naht (K-Stegnaht)		

Abb. 6.34 Fugenformen [6.1]

Nahtart	Symbol	Bild
Doppel U-Naht	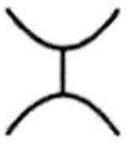	
Doppel HU-Naht		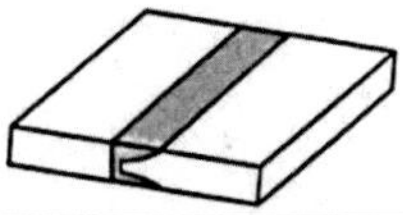
V-U-Naht		
V-Naht mit Gegenlage		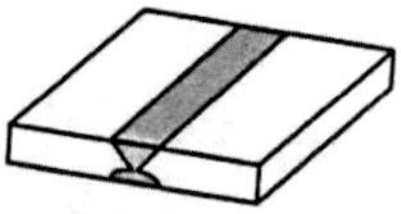
Doppel-Kehlnaht	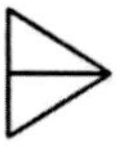	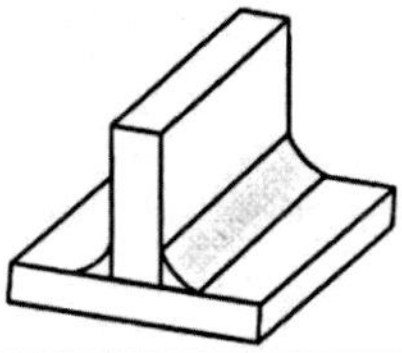

Abb. 6.34 Fugenformen (Fortsetzung) [6.1]

Abb. 6.35 Stutzenformen
[6.1]

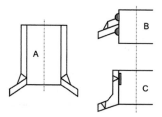

Abb. 6.36 Rohr – Rohrbodenschweißverbindungen [6.1]

(A) Kehlnahtanschluss,   (B) Y-Nahtanschluss.

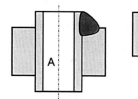
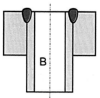

(a)   Einlagenschweißung, dentritisches Gefüge mit ungünstigen mechanischen
       Eigenschaften

(b)   Mehrlagenschweißung, tw. unvollständige Umkristallisation mit verbesserten
       mechan. Eigenschaften

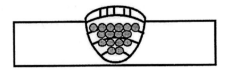

(c)   Mehrlagenschweißung, vollständige Umkristallisation mit günstigen
       mechanischen Eigenschaften

Abb. 6.37 Ein- und mehrlagige Schweißverbindungen [6.1]

Abb. 6.38 Wärmeeinflusszone
an einer Kehlnaht [6.1]

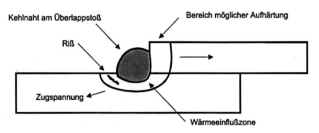

chanisch-technologischen Eigenschaften drastisch beeinflusst werden (Wärmebeeinfluss-
te Zone = WEZ).

Insbesondere bei höherlegierten ferritischen Stählen wird der Grundwerkstoff spröde,
so dass Risse auftreten können (Abb. 6.38). In verschiedenen Regelwerken ist daher
grundsätzlich festgelegt, dass der zur Naht angrenzende Grundwerkstoff auf einer definierten Breite mitzuprüfen ist.

6.5.4   Schweißnahtfehler

Nachfolgend werden die wichtigsten herstellungsbedingten Fehlerarten aufgeführt [6.1].

6.5.4.1   Flächenhafte Fehler
Längsriss in Schweißnahtrichtung verlaufend
Querriss, quer zur Schweißnaht verlaufend [6.1]

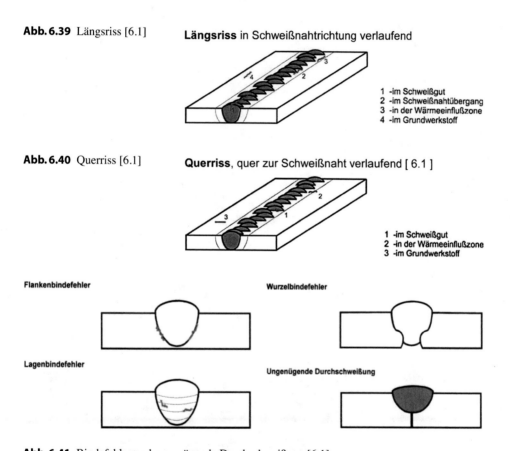

Abb. 6.39 Längsriss [6.1]

Längsriss in Schweißnahtrichtung verlaufend

1 -im Schweißgut
2 -im Schweißnahtübergang
3 -in der Wärmeeinflußzone
4 -im Grundwerkstoff

Abb. 6.40 Querriss [6.1]

Querriss, quer zur Schweißnaht verlaufend [6.1]

1 -im Schweißgut
2 -in der Wärmeeinflußzone
3 -im Grundwerkstoff

Flankenbindefehler

Wurzelbindefehler

Lagenbindefehler

Ungenügende Durchschweißung

Abb. 6.41 Bindefehler und ungenügende Durchschweißung [6.1]

6.5.4.2   Volumenhafte Fehler

**Abb. 6.42 Schlackenein-
schlüsse** als scharfkantige Ein-
lagerung im Schweißgut [6.1]

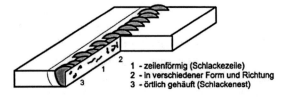

1 - zeilenförmig (Schlackezeile)
2 - in verschiedener Form und Richtung
3 - örtlich gehäuft (Schlackenest)

Abb. 6.43 Poren als kugelar-
tige Gaseinschlüsse [6.1]

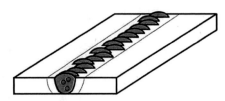

Abb. 6.44 Schlauchporen als
Gaseinschlüsse in verschieden-
artiger Lage; einzeln oder gehäuft auftretend [6.1]

Abb. 6.45 Lunker als Schwin-
dungshohlräume im Schweißgut [6.1]

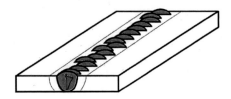

Abb. 6.46 Endkraterrisse [6.1]

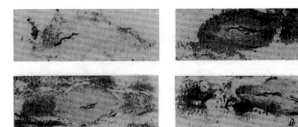

6.6   Ungänzen bei der mechanischen Bearbeitung

Schleifrisse sind verarbeitungsbedingte Ungänzen, die durch Spannungen verursacht werden, welche infolge Reibungswärme zwischen dem Schleifstein und dem Metall und der damit verbundenen Überhitzung aufgebaut werden. Sie können durch zu hohen Anpressdruck oder „stumpfe" Schleifmittel entstehen und verlaufen meistens senkrecht zur Drehrichtung des Schleifsteines oder netzartig (Abb. 6.47).

Bei gehärteten Teilen überlagern sich Härtespannungen mit Bearbeitungsspannungen, wenn unangemessenes Schleifen erfolgt. Entstehende Risse können sowohl vom Schleifen als auch vom Härten verursacht sein. Das Abb. 6.48 zeigt Schleifrisse an einem Motorenteil.

Abb. 6.47 Entstehung von
Schleifrissen [6.1]

Abb. 6.48 Motorenteil mit
Schleifrissen [6.1]

6.7   Ungänzen durch Betriebsbeanspruchung

Solche Ungänzen werden hauptsächlich auf verschiedene Beanspruchungsbedingungen, wie die Spannungsverhältnisse, Werkstoffermüdung, Korrosion und Erosion zurückgeführt. Während des Weiterverarbeitungsprozesses werden zahlreiche Ungänzen, die sich ursprünglich unter der Oberfläche oder im Inneren der Werkstücke befanden (und mit der Eindringprüfung nicht zu erkennen gewesen wären), infolge der maschinellen Bearbeitung, z.B. durch tiefgehende mechanische Bearbeitung an die Oberfläche gelangen.

Beanspruchungsbedingte Ungänzen sind wahrscheinlich die allerwichtigsten Ungänzen, die bei der Prüfung von Funktionsteilen in Betracht gezogen werden müssen. Bauteile in denen Fehler infolge von Werkstoffermüdung oder Überbeanspruchung entstehen können, werden als höchstgefährdet angesehen und erfordern besondere Aufmerksamkeit.

Ermüdungsrisse – auch Dauerrisse genannt – sind beanspruchungsbedingte Ungänzen, die meistens zur Oberfläche hin offen liegen und von Spannungskonzentrationsstellen, wie z.B. von Gewindebereichen ausgehen (Abb. 6.49). Beanspruchungsbedingte Ungänzen können durch quasistatische Überlastung des Bauteils entstehen. Ursache für Ermüdungsrisse ist aber meistens eine dynamische Wechselbelastung unterhalb der Belastungsgrenze bei Überschreitung der Lastwechselzahl von ca. 10^6/Lebensdauer.

Besonders an scharfen Querschnittsübergängen ohne ausreichenden Radius muss der Konstrukteur mit solchen Ungänzen rechnen. Ermüdungsrisse können immer erst dann vorhanden sein, wenn das Bauteil in Betrieb gewesen ist, jedoch können die Risse eine Folge von Porosität, Einschlüssen oder anderen Ungänzen insbesondere in der Oberfläche eines hochbeanspruchten Bereiches des Bauteiles sein. Besondere Formen der betrieblichen Überbeanspruchung sind z.B. das Heißlaufen einer Welle (Abb. 6.50) oder durch zu hohe Spannungen auftretende Anrisse (Abb. 6.51) im Betriebseinsatz.

Abb. 6.49 Typische Art und Lage von Ermüdungsrissen an einer Torsionswelle [6.1]

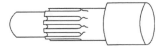

Abb. 6.50 Durch Heißlaufen entstandene Spannungsrisse an einer Spindel [6.1]

Abb. 6.51 Im Betrieb aufgetretene Anrisse an einer Pumpenwelle [6.1]

Literatur

[6.1] Schiebold, Skript PT2 LVQ-WP Werkstoffprüfung GmbH;
[6.2] http://de.wikipedia.org/wiki/Schwindung, Dez. 2012;
[6.3] http://de.wikipedia.org/wiki/Schrumpfung, Sept. 2009;

Durchführung von Eindringprüfungen 7

7.1 Verfahrensübersichten

7.1.1 Einteilung der Prüfmittelsysteme nach DIN EN ISO 3452-1

Die Einteilung nach DIN EN ISO 3452-1 [7.1] entspricht der Einteilung nach DIN EN 571-1 [7.2] und geht von der Kombination der in einem Prüfmittelsystem integrierten Bestandteile Eindringmittel, Zwischenreiniger und Entwickler aus, wobei die Kennbuchstaben in dieser Reihenfolge zur Bezeichnung des Prüfmittelsystems eingesetzt werden (Abb. 7.1). Da jedoch Eindringmittel, Zwischenreiniger und Entwickler aufeinander abgestimmt sein müssen, haben Prüfmittelsysteme mit derselben Kurzbezeichnung nicht automatisch die gleiche Wirksamkeit beim gleichen Einsatzfall.

Im Rahmen der Produkthaftung sind Hersteller von Prüfmitteln zur Musterprüfung gemäß DIN EN ISO 3452-2 [7.3] veranlasst, die von unabhängigen Prüfstellen durchgeführt werden. Ein zugelassenes Prüfmittelsystem erhält ein Musterprüfzeugnis und Chargenatteste vom Hersteller und ist damit nicht mehr veränderbar [7.9]. Es kann beim Anwender mit Kontrollkörper 2 nach DIN EN ISO 3452-3 [7.4] überprüft werden, z.B. bei offenen Bädern in Tankanlagen. Auf Forderungen zu korrosiven Schadstoffen wird insbesondere in ASTM-D-808 [7.5] (für Chlor und Fluor) und ASTM-129 [7.6] (für Schwefel) eingegangen.

Anmerkung:
Für spezielle Anwendungsfälle werden Prüfmittel gefordert, die bezüglich korrosiver Bestandteile besondere Anforderungen im Hinblick auf Entflammbarkeit, auf den Gehalt von Schwefel und von Halogenen und von Natrium und anderen Verunreinigungen erfüllen müssen (DIN EN ISO 3452-2).

K. Schiebold, *Zerstörungsfreie Werkstoffprüfung – Eindringprüfung,*
DOI 10.1007/978-3-662-43809-1_7, © Springer-Verlag Berlin Heidelberg 2014

| Eindringprüfmittel | | Zwischenreiniger | | Entwickler | |
Typ	Benennung	Ver-fahren	Benennung	Art	Benennung
I	Fluoreszierende Eindringmittel	A	Wasser	a	Trockenentwickler
II	Farbeindringmittel	B	Lipophiler Emulgator 1. Emulgator auf Ölbasis 2. Tauchspülen in fließendem Wasser	b c	Nassentwickler auf Wasserbasis, was-serlöslich Nassentwickler auf Wasserbasis, sus-pendiert
III	Eindringprüfmittel für zwei Anwen-dungsmöglichkei-ten (Fluoreszie-rende und Farb-eindringprüfmittel)	C	Lösemittel (flüssige Phase) Klasse 1-Halogenhaltig Klasse 2-Nicht halogenhaltig Klasse 3-Für Spezialzwecke	d	Nassentwickler auf Lösemittelbasis (bei Typ I nichtwässrig)
		D	Hydrophiler Emulgator 1 Vorwaschen (mit Wasser) 2 Emulgator (wasserverdünnt) 3 Nachwaschen mit (Wasser)	e	Nassentwickler auf Lösemittelbasis (bei Typ II und III nicht-wässrig)
		E	Wasser und Lösemittel	f	Für Spezialzwecke

Abb. 7.1 Einteilung der Prüfmittel nach DIN EN ISO 3452-1 [7.1]

7.1.2 Einteilung der Prüfmittelsysteme nach ASME-Code, Sect. V, Artikel 6

Die Einteilung der Prüfmittel im ASME-Code (Tabelle 7.1) ist auf die ASTM Norm SE-165 [7.7] zurückzuführen. Während DIN EN ISO 3452-1 eine relativ große Palette von Prüfmittelkombinationen zulässt, werden im ASME-Code lediglich sechs Prüfmittelsysteme vorgegeben. Die Hauptunterscheidung der Systeme liegt dabei zwischen den Fluoreszenz- und den Farbeindringmitteln, wobei zusätzlich jeweils noch die Art der Zwischenreinigung bzw. der Entwicklung herausgestellt werden.

Eine Qualifikation des Prüfmittels bzw. des Prüfmittelsystems nach DIN EN ISO 3452-1 [7.1] analog ASME-Code [7.8] ist nicht möglich. Gleichlautend ist in beiden Regelwerken aber die Forderung, bei Wiederholung von Prüfungen die gleichen Prüfmittelsysteme einzusetzen. Ein Ersatz von Eindringmitteln vom Typ A durch Typ B oder umgekehrt ist unzulässig.

Die neueren Prüfmittel unterscheiden sich hinsichtlich ihrer Empfindlichkeit nach DIN EN ISO 3452-2 [7.3] nur noch unwesentlich. Dabei geht das Angebot der Hersteller vorrangig zu wasserabwaschbaren Universalprüfmitteln für UV- und Tageslicht, die auch mit Lösemittel entfernt werden können. Die Universalmittel sind von den Abnahmeregelwerken nicht durchgängig zugelassen (ASME-Code, Sect. V, Artikel 6 [7.8]):

Tab. 7.1 Zugelassene Prüfmittelsysteme und -typen nach ASME-Code, Sect.V, Artikel 6 [7.8]

System	Typ	Art der Eindringmittelsysteme
A	1	Wasserabwaschbar
Fluoreszenz-Eindringmittel	2	Nachemulgierbar
	3	Lösemittelentfernbar
B	1	Wasserabwaschbar
Farb-Eindringmittel	2	Nachemulgierbar
	3	Lösemittelentfernbar

7.2 Verfahrensauswahl

7.2.1 Auswahl nach dem Regelwerk

In Abhängigkeit vom Auftraggeber und der Aufgabenstellung (Vertrag/Prüfspezifikation) sind bauteilspezifische sowie allgemeine Normen und Regelwerke zu beachten, muss eine generelle Auswahl des Eindringmittelsystems getroffen werden. Nicht allein die unterschiedliche Bezeichnung der Systeme ist hier zu nennen, sondern auch z.B. das Fehlen von fluoreszierenden Farbeindringmitteln im ASME-Code. In diesem Regelwerk ist auch die direkte Anwendung von Lösemitteln nicht zulässig, weil die Gefahr besteht, dass Eindringmittel bei der Zwischenreinigung verdünnt oder ganz beseitigt werden.

7.2.2 Auswahl nach dem Prüfstück

Bauteile aus unterschiedlichen Industriesektoren erfordern oft auch eine differenzierte Einschätzung des Prüfumfangs und der Prüfmethodik. Prüfstücke aus dem Automobilbau, Sicherheitselemente aus dem Flugzeugbau und Schweißverbindungen aus dem Druckbehälter- und Anlagenbau werden deshalb meistens in sehr großen Stückzahlen und vollständig auf Oberflächenfehler geprüft. Man hat dabei alle Verfahrensschritte zu berücksichtigen, insbesondere jedoch auf eine geeignete Aufbringmethode, auf die Positionierung der Prüfstücke am Arbeitsplatz und auf die Lage und Art der zu erwartenden Ungänzen zu achten.

Alle Werkstoffe, die durch ein Eindringmittel benetzt werden und von den Reinigungs- und Prüfmitteln nicht angegriffen werden, können mit dem Eindringverfahren geprüft werden. Die Benetzung spielt hierbei eine entscheidende Rolle. Kleine Prüfstücke in großen Stückzahlen sowie Prüfstücke, die nicht schöpfend sind, werden meistens ins Eindringmittelbad getaucht, bei größeren Teilen, bei denen es auf eine vollständige Prüfung aller Oberflächen ankommt, wird das Eindringmittel durch Aufsprühen aufgebracht, im Normalfall durch Pressluft oder mittels Spraydosen, im besonderen Fall elektrostatisch. Besondere Maßnahmen erfordert allerdings das Prüfen von nichtmetallischen Werkstoffen, wie Keramik, Glas, Kunststoffen oder Beton, bei denen die Prüffläche im Vergleich mit metallischen Werkstücken entweder zu porös oder hervorgerufen durch ein ungünstiges Grenzwinkelverhältnis zu abweisend für das Eindringmittel ist, so dass besondere Aufbringmethoden für das Eindringmittel erforderlich sind.

Auch die Form, Lage und Art von zu erwartenden Ungänzenanzeigen sollte bei der Auswahl des Prüfmittelsystems eine Rolle spielen, wobei die Geometrie des nachzuweisenden Hohlraumes, das Eindringmittelvolumen im Hohlraum, die Art und Körnigkeit des Entwicklers und die Entwicklungsdauer zu berücksichtigen sind. Wie bereits erläutert, sind die Saugwirkung des Entwicklers und die Dicke der Entwicklerschicht mitentscheidend für die Menge des Eindringmittels, das zur Anzeigenbildung führt. Form und Größe einer Anzeige werden von der Saugwirkung und der Schichtdicke des Entwicklers bestimmt, so dass Rückschlüsse auf die Ungänzenart nur bei einer guten Abstimmung dieser Eigenschaften möglich sind.

7.2.3   Auswahl nach dem Prüfort

Zunehmend werden nicht nur bei großen Stückzahlen, und automatisierten Prüfvorgängen, sondern auch aus Gründen des Umweltschutzes wasserabwaschbare Eindringmittelsysteme verwendet.

Bei stationären Prüfungen werden fluoreszierende Prüfmittel ebenso bevorzugt, wie bei rohen und bearbeiteten Oberflächen, um den Kontrasthintergrund zu verbessern. So wird beim fluoreszierenden Eindringmittel mit einem Trockenentwickler die fluoreszierende Oberfläche vergrößert, die Anzeigenempfindlichkeit wird durch das helle Leuchten auf dunklem Hintergrund gesteigert.

Beim Farbeindringmittelsystem lässt eine gleichmäßig dünne Entwicklerschicht die farbigen Anzeigen wesentlich kontrastreicher erkennen. Deshalb und weil die Einrichtung der Inspektionsbedingungen für fluoreszierende Systeme Schwierigkeiten bereitet, werden solche Prüfmittel auf Baustellen oder beim mobilen Prüfeinsatz fast ausschließlich benutzt (Systeme BAB oder BCB nach DIN 54152-1 [7.10]).

Baustelleneinsätze ergeben oft auch Prüfmittelanwendungen im Temperaturbereich außerhalb des Regelfalles (5 bis 50°C nach DIN EN ISO 3452 und 16 bis 52° C nach ASME-Code), so dass besondere Systeme verwendet werden, die für die entsprechende Prüftemperatur zugelassen sind. Beispielsweise muss bei tiefen Temperaturen im Minusbereich darauf geachtet werden, dass der Zwischenreiniger und die Trägerflüssigkeit des Nassentwicklers verdunsten und die Treibgase in den Spraydosen für diese Temperaturen geeignet sind.

7.2.4 Auswahl nach den Prüfkosten

Die Prüfkosten werden hauptsächlich nach der gesamten Prüfzeit, dem Aufwand an Prüfmitteln und -geräten und den Erfordernissen des Arbeits- und Umweltschutzes bemessen. Mit der Prüfzeit, die sich aus dem zeitlichen Aufwand für die Vor-, Zwischen- und Nachreinigung, der Eindring- und Entwicklungsdauer sowie der Inspektionszeit einschließlich der Ungänzenauswertung und -dokumentation zusammensetzt, werden die Personalkosten festgelegt, die mit Ausnahme der Anwendungen an großen automatischen Prüfanlagen wohl den Hauptanteil der Prüfkosten ergeben. Diese Kosten müssen deshalb so weit wie möglich reduziert werden, was durch die Vorgabe von werkstoff- und temperaturabhängigen Eindring-, Entwicklungs- und Inspektionszeiten und durch den erforderlichen Aufwand an Oberflächenreinigungen auf natürliche Grenzen stößt.

7.3 Prüfablauf

7.3.1 Prüfung nach internationalen Normen und Regelwerken

Unterstellt man die Prüfmittelsystemeinteilung nach DIN EN ISO 3452-1 [7.1] entsprechend Abb. 7.1, so sollten die beiden nachstehenden Verfahrensabläufe für den Einsatz von Prüfmitteln ohne und mit Emulgatoren charakteristisch sein (Abb. 7.2 und 7.3).

7.3.1.1 Prüfung von Schmiedestücken nach DIN EN 10228-2

Die Prüfung ist nach einer schriftlichen Prüfanweisung durchzuführen. Darin sind als wichtigste Punkte zu beschreiben: Die

- zu prüfenden Schmiedestücke,
- Fertigungsstufe für die Prüfung,
- anzuwendenden Qualitätsklassen,
- zu prüfenden Oberflächenbereiche,
- Prüfmittelsysteme,
- Betrachtungsbedingungen,
- Registrierung und Kennzeichnung der Anzeigen,
- Zulässigkeitskriterien.

Abb. 7.2 Fluoreszierende- u. Farb-Eindringmittelprüfsysteme ohne Nachemulgation [7.1]

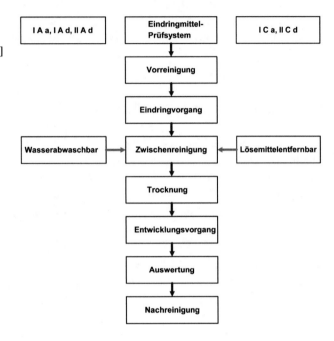

Abb. 7.3 Fluoreszierende- und Farb-Eindringmittelprüfsysteme mit Emulgator

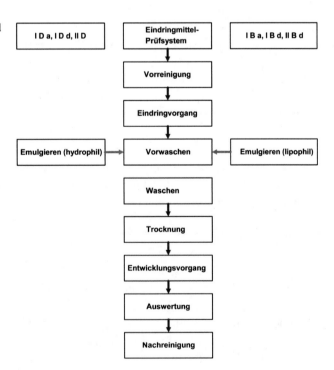

Insgesamt sind in der Norm vier Qualitätsklassen für die Schmiedestücke oder Teile der Schmiedestücke vorgesehen (Bild 7.4), für die Registriergrenzen und Zulässigkeitskriterien festgelegt worden sind (Tabelle 7.2). Qualitätsklasse 4 stellt die strengsten Anforderungen und erfordert die niedrigste Registriergrenze und die strengsten Zulässigkeitskriterien. Schmiedestücke für allgemeine Verwendung im geschmiedeten Zustand erfordern die Qualitätsklassen 1 und 2, Gesenkschmiedestücke die Qualitätsklasse 3.

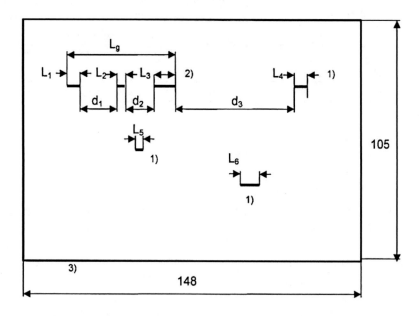

Legende:

1) Einzelne Anzeigen 2) Zusammenhängende Anzeigen 3) Bezugsfläche 148 x 105 mm
a) Bezugsfläche A4; b) $d_1 < 5 L_1$; $d_2 < 5 L_2$; $d_3 > 5 L_3$; c) L_1, L_2, L_3 Einzellängen von 2)
d) Zusammenhängende Gesamtlänge $L_G = (L_1 + d_1) + (L_2 + d_2) + L_3$;
e) L_4, L_5, L_6 Längen einzelner Anzeigen;
f) $L_G + L_4 + L_5 + L_6$ kumulative Länge der Anzeigen auf der Bezugsfläche;
g) Anzahl der Anzeigen auf der Bezugsfläche für L_G, L_4, L_5, L_6;

Bild 7.4 Klasseneinteilung der Eindringanzeigen [7.12]

Tabelle 7.2 Qualitätsklassen, Registriergrenzen und Zulässigkeitskriterien [7.12]

Parameter	Qualitätsklasse			
	1	2	3	4
Registriergrenze, mm [2]	≥ 7	≥ 3	≥ 3	≥ 1
Größte zulässige Länge L linearer Einzelanzeigen bzw. größte zulässige Länge L_G von zusammenhängenden Anzeigen, mm [2]	20	8	4	2
Größte zulässige kumulative Länge linearer Anzeigen auf der Bezugsfläche, mm [2]	75	36	24	5
Größte zulässige Ausdehnung einzelner runder Anzeigen, mm [2]	30	12	8	3
Größte zulässige Anzahl nachweisbarer Anzeigen auf der Bezugsfläche, mm [3]	15	10	7	5

[1] Qualitätsklasse 4 ist nicht anwendbar für die Prüfung von Flächen mit einer Bearbeitungszugabe ≥ 0,5 mm je Fläche;

[2] Die tabellierten Werte gelten für die Anzeigengröße, nicht aber für die wahre Fehlergröße an
der Oberfläche;

[3] Bezugsfläche 148 mm x 105 mm (A6 Format);

7.3.1.2   Prüfung von Gusssstücken nach DIN EN 1371   [7.13]

DIN EN 1371 gliedert sich in Teil 1 (Sand-, Schwerkraftkokillen- und Niederdruckkokillengussstücke) [7.13] und Teil 2 (Feingussstücke) [7.16]. Man unterscheidet nichtlineare vereinzelte Anzeigen (SP), nichtlineare gehäufte Anzeigen (CP), in Reihe angeordnete Anzeigen (AP) und lineare Anzeigen (LP). Lineare Anzeigen sind Anzeigen, deren
Länge größer oder gleich der 3-fachen Breite ist. In Reihe angeordnete Anzeigen sind entweder nichtlineare Anzeigen, deren Abstand zwischen zwei Anzeigen weniger als 2 mm
beträgt, wobei mindestens drei Anzeigen beobachtet werden oder lineare Anzeigen, deren
Länge kleiner ist als die Länge der längsten Ungänze in der Reihe. Für die verschiedenen
Anzeigentypen werden Gütestufen definiert, wie die Tabellen 7.3 und 7.4 zeigen.

7.3.1.3   Prüfung von Schweißverbindungen nach DIN EN ISO 23277   [7.14]

Die anzuwendenden Prüfmittelsysteme sind nach DIN EN ISO 3452-2 in Empfindlichkeitsklassen eingeteilt, die nach dem Prüfflächenzustand ausgewählt werden. Die Breite
der Prüffläche muss die Schweißnaht und den Grundwerkstoff in einem Abstand von je 10
mm einschließen. Die Zulässigkeitsgrenzen für Schweißnähte in metallischen Werkstoffen
sind in Tabelle 7.5 zusammengefasst. Benachbarte Anzeigen müssen als eine einzige, kontinuierliche Anzeige angesehen werden, wenn ihr Abstand kleiner als die Hauptabmessung
der kleineren Anzeige ist und die Anzeigengruppen müssen in Übereinstimmung mit einer
Anwendungsnorm beurteilt werden.

Tabelle 7.3 Gütestufen für nichtlineare Anzeigen [7.13]

Merkmal	Gütestufen							
	SP01 CP01	SP02 CP02	SP03 CP03	SP1 CP1	SP2 CP2	SP3 CP3	SP4	SP5
Direkte Sichtprüfung	Lupe Auge	Auge						
Vergrößerung von Anzeigen	≤ 3	1						
Länge der kleinsten Anzeige in mm	0,3	0,5	1	1,5	2	3	5	5
Höchste Anzahl zulässige nichtlineare Anzeigen	5	6	7	8	8	12	20	32
Höchstzulässiges Maß der Anzeigen SP	1	1	1,5	3	6	9	14	21
Höchstzulässiges Maß der Anzeigen CP	3	4	6	10	16	25	-	-

Anmerkung 1: Nur die in der Tabelle angegeben Daten sind verbindlich. Die Vergleichsbilder sind informativ.
Anmerkung 2: Die Prüfempfindlichkeit kann je nach dem gewählten Verfahren der Eindringprüfung unterschiedlich sein.
Anmerkung 3: Die Anzeigen bei der Eindringprüfung können sich über einen Zeitraum vergrößern.

Tabelle 7.4 Gütestufen für lineare und in Reihe angeordnete Anzeigen [7.13]

Merkmal	Gütestufen								
	LP001 AP001	LP01 AP01	LP1 AP1	LP2 AP2	LP3 AP3	LP4 AP4	LP5 AP5	LP6 AP6	LP7 AP7
Direkte Sichtprüfung	Lupe o. Auge	Auge							
Vergrößerung bei Betrachtung v. Anzeigen	≤ 3	1							
Länge der kleinsten zu berücksichtigenden Anzeige in mm	Keine Anzeige zulässig	0,3	1,5	2	3	5	5	5	5
Anordnung der Anzeigen vereinzelt (I) o. kumulativ (C)	I oder C	I C	I C	I C	I C	I C	I C	I C
Größte zul. Länge v. lin. u. in Reihe angeordneten Anzeigen	Keine Anzeige zulässig	1	2 4	4 6	6 10	10 18	18 25	25 45	45 70

Anmerkung 1: Nur die in der Tabelle angegeben Daten sind verbindlich. Die Vergleichsbilder sind informativ.
Anmerkung 2: Die Gütestufen 001, 01 und 1 sind schwer zu erreichen und sollten mit Vorsicht festgelegt werden.
Anmerkung 3: Die Prüfempfindlichkeit kann je nach dem gewählten Verfahren der Eindringprüfung unterschiedlich sein.
Anmerkung 4: Die Anzeigen bei der Eindringprüfung können sich über einen Zeitraum vergrößern.

Tabelle 7.5 Zulässigkeitsgrenzen für Anzeigen in Schweißnähten [7.14]

Anzeigentyp	Zulässigkeitsgrenzen [a]		
	1	2	3
Linienartige Anzeige l = Länge der Anzeige	l ≤ 2	l ≤ 4	l ≤ 8
Nichtlinienartige Anzeige d = größter Achsendurchmesser	d ≤ 4	d ≤ 6	d ≤ 8
[a] Zulässigkeitsgrenzen 2 und 3 dürfen mit einer Bindung X versehen werden, wenn die nachgewiesenen linienartigen Anzeigen nach der Zulässigkeitsgrenze 1 beurteilt werden müssen.			

7.3.1.4   Prüfung von Rohren nach DIN EN ISO 10893-4   [7.15]

Die bei der Eindringprüfung von Rohren nachzuweisenden Unvollkommenheiten sind Risse, Fugen, Überwalzungen, Kaltschweißen, Dopplungen und Porositäten. Sie werden eingeteilt in:

- lineare Anzeigen, deren Länge mindestens dreimal so groß ist wie ihre Breite,
- runde Anzeigen kreisförmiger oder elliptischer Form mit einem Verhältnis Länge zu Breite kleiner als drei,
- Anhäufungen linearer oder runder Anzeigen, die einen Abstand von höchstens der Anzeigenlänge der kürzesten Anzeige voneinander haben und aus mindestens drei Anzeigen bestehen,
- nichtelevante Anzeigen als Scheinanzeigen von Bearbeitungsriefen, Kratzern, Markierungen durch Maßumformung / Richten.

Tabelle 7.6 zeigt die Registriergrenzen für die Beurteilung der zu berücksichtigenden Anzeigen und deren Zulässigkeitsklassen.

Tabelle 7.6 Registriergrenzen und Zulässigkeitsklassen

Zulässigkeitsklasse	Durchmesser D oder Länge L der kleinsten zu berücksichtigenden Anzeige in mm
P1	1,5
P2	2,0
P3	3,0
P4	5,0

Die maximale zulässige Anzahl und die Maße der Anzeigen innerhalb eines Bildrahmens von 100 mm x 150 mm sind in den Tabellen 7.7 (Prüfung der Rohroberfläche) und 7.8 (Prüfung der Schweißnaht) wiedergegeben.

Tabelle 7.7 Maximal zulässige Anzahl und die Maße der Anzeigen bei der Prüfung der Rohr-oberfläche [7.15]

Zulässig-keits-klasse	Nennwand-dicke mm	Art derAnzeige					
		rund		linear		Anhäufung	
		Anzahl	Durch-messer mm	Anzahl	Länge mm	Anzahl	Summierte Länge mm
P1	T ≤ 16	5	3,0	3	1,5	1	4,0
	16 < T ≤ 50	5	3,0	3	3,0	1	6,0
	T > 50	5	3,0	3	5,0	1	10,0
P2	T ≤ 16	8	4,0	4	3,0	1	6,0
	16 < T ≤ 50	8	4,0	4	6,0	1	12,0
	T > 50	8	4,0	4	10,0	1	20,0
P3	T ≤ 16	10	6,0	5	6,0	1	10,0
	16 < T ≤ 50	10	6,0	5	9,0	1	18,0
	T > 50	10	6,0	5	15,0	1	30,0
P4	T ≤ 16	12	10,0	6	10,0	1	18,0
	16 < T ≤ 50	12	10,0	6	15,0	1	25,0
	T > 50	12	10,0	6	25,0	1	35,0

Tabelle 7.8 Maximal zulässige Anzahl und die Maße der Anzeigen bei der Prüfung der Schweißnaht [7.15]

Zulässig-keits-klasse	Nennwand-dicke mm	Art derAnzeige					
		rund		linear		Anhäufung	
		Anzahl	Durch-messer mm	Anzahl	Länge mm	Anzahl	Summierte Länge mm
P1	T ≤ 16	1	3,0	1	1,5	1	4,0
	T > 16	1	3,0	1	3,0	1	6,0
P2	T ≤ 16	2	4,0	2	3,0	1	6,0
	T > 50	2	4,0	2	6,0	1	12,0
P3	T ≤ 16	3	6,0	3	6,0	1	10,0
	T > 50	3	6,0	3	9,0	1	18,0
P4	T ≤ 16	4	10,0	4	10,0	1	18,0
	T > 50	4	10,0	4	18,0	1	27,0
ANMERKUNG: Die Breite des Bildrahmens von 50 mm ist auf die Schweißnahtachse zentriert.							

Bei der Prüfung der angeschrägten Stirnflächen an den Rohrenden sind lineare Anzeigen mit einer Länge unter 6 mm zulässig. Fehlerverdächtige Bereiche sind nochmals zu prü-fen und erforderlichenfalls abzutrennen.

7.3.2 Prüfung nach ASME-Code
7.3.2.1 Einbindung der Eindringprüfung im ASME-Code

Um die Prüftechnik einer Eindringprüfung gemäß ASME-Code festzulegen, muss zunächst klar sein, aufgrund welcher Vorschrift die Anwendung von Sect. V gefordert wird. Abb. 7.4 gibt einen Überblick über den Inhalt des ASME-Codes. Im Regelfall sind in den Hauptcodes (HC) die anzuwendenden Prüfverfahren, der Prüfzeitpunkt, z.T. der Prüfumfang und die Zulässigkeitskriterien festgelegt. Dies ist deshalb sinnvoll, da hier vor allen Dingen Werkstoffauswahl, Konstruktion, Fertigung und Prüfung von Bauteilen für verschiedene Anwendungsfälle beschrieben werden. In diesen Haupt- oder Konstruktions-Codes wird hinsichtlich der anzuwendenden ZfP-Technik in der Regel der Hilfs-Code „Section V" angeführt.

Section V besteht aus den Subsections A und B. Während die Angaben in Subsection A in der Regel verbindlich sind – soweit sie nicht vom Konstruktions-Code eingeschränkt oder erweitert werden – sind die Angaben in Subsection B nur zusätzliche Einzelheiten, die bei der Erstellung von Prüfspezifikationen beachtet werden können. Einige dieser Einzelheiten können aber in Subsection A ausdrücklich gefordert sein, z.B. durch Verweis auf Subsection B, wodurch auch die Festlegungen in Subsection B verbindlich werden. Die Durchführung von Eindringprüfungen ist in Sect. V, Subsect. A, Artikel 6 und analog in Subsect. B, Artikel 24 und in der ASTM-Norm SE – 165 beschrieben.

7.3.2.2 Prüftechnische Besonderheiten des ASME-Codes

Alle Eindringprüfmittel, die zur Prüfung von austenitischem Stahl, Nickelbasislegierungen und Titan eingesetzt werden, müssen mit einem Zertifikat des Herstellers bezogen werden. Dieses Zertifikat muss die Chargennummer sowie Angaben zur chemischen Analyse des jeweiligen Prüfmittels enthalten. Bei Nickelbasislegierungen besteht die Forderung, daß die Masse des erhaltenen Rückstandes einer Bombenverbrennung mit gravimetrischer Fällung nach ASME – Standard SD-129 einen Wert von 0,005 g nicht übersteigt. Ist das doch der Fall, so muss zusätzlich eine Angabe in Gewichtsprozent Schwefel vom Rückstand erfolgen, wobei max. 1% zulässig ist. Bei austenitischem Stahl und Titan soll die Masse des erhaltenen Rückstandes einer Bombenverbrennung mit gravimetrischer Fällung nach ASME – Standard SD-808. einen Wert von 0,005 g nicht übersteigen. Andererseits muss zusätzlich eine Angabe in Gewichtsprozent Chlor vom Rückstand erfolgen, wobei 1% zulässig ist.

Das Prüfpersonal hat die Pflicht, vor Beginn der Prüfarbeiten die Zertifikatsangaben zu prüfen und die im Zertifikat angegebene Chargennummer mit der Angabe auf den Prüfmittelbehältern zu vergleichen. Für die Richtigkeit der Analysenergebnisse ist der Hersteller haftbar. Für die Wahl der richtigen, d.h. der zulässigen Prüfmittelsysteme und ausreichender Prüfmittelempfindlichkeit ist der Prüfer verantwortlich. Zur Vorbereitung der Prüffläche gilt die Festlegung, dass die Vorreinigung die Prüffläche und zusätzlich einen angrenzenden Bereich an die Prüffläche, der mindestens 25 mm breit ist, umfassen muss. Soll z.B. eine Schweißnahtoberfläche von 20 mm Breite und eine Wärmeeinflusszone von

15 mm Breite geprüft werden, so ist eine Fläche von insgesamt 50 mm Breite vorzureinigen.

Der ASME-Code legt großen Wert auf die Sicherstellung des Eindringvorganges innerhalb eines Temperaturbereiches von 16 – 52 Grad Celsius. In geschlossenen Räumen darf dies durch ein Raumthermometer sichergestellt werden, vorausgesetzt zwischen dem Verdampfen des Lösemittels von der Vorreinigung und dem Auftragen des Eindringmittels liegt eine Zeitspanne von einigen Minuten. Muss eine Eindringprüfung außerhalb dieses Temperaturbereiches durchgeführt werden – z.B. auf Baustellen oder in „offenen" Hallen im Winter – so bedarf die abweichende Verfahrensweise einer Qualifikation mit Hilfe eines Vergleichskörpers, auch Comparatorblock genannt (Abb. 5.10), dessen Anwendung im Kapitel 5 beschrieben wurde.

Grundsätzlich darf das Eindringmittel durch eine geeignete Technik wie Tauchen, Bürsten oder Sprühen aufgebracht werden. Beim Sprühen mittels Druckluft müssen jedoch Fremdöle und Wasser durch einen Filter vom Eindringmittel abgeschieden werden.

Das auf der Oberfläche befindliche „überschüssige" Eindringmittel muss nach Ablauf der Eindringzeit so beseitigt werden, dass das in die Ungänzen eingedrungene Mittel in den Ungänzen verbleibt. Deshalb ist je nach Typ verschieden vorzugehen.

Wasserabwaschbares Eindringmittel (Typ 1) ist durch Sprühen mit Wasser zu entfernen. Dabei darf der Wasserdruck 345 k Pa – etwa der normale Leitungsdruck – nicht übersteigen. Die Wassertemperatur ist auf 43 Grad Celsius beschränkt.

Nachemulgierbare Eindringmittel (Typ 2) sollten zunächst grob durch Abtropfen lassen entfernt werden, bevor der Emulgator durch Sprühen oder Tauchen aufgebracht wird. Die Emulgierzeit darf – ohne Qualifizierung anderer Zeiten – 5 min nicht übersteigen. Die genaue Emulgierzeit ist durch Vorversuche zu ermitteln, sie ist werkstückabhängig: Die Oberflächenrauheit und die zu erwartende Fehlerart spielen eine entscheidende Rolle. Nach dem Emulgieren ist wie bei wasserabwaschbaren Eindringmitteln zu verfahren.

Lösemittelentfernbare Eindringmittel (Typ 3) sind mit fusselfreiem Tuch oder saugfähigem Papier so zu entfernen, bis nur noch Spuren auf der Oberfläche vorhanden sind. Diese Spuren sind durch Abtupfen der Oberfläche mit einem Lösemittel getränkten Tuch wegzunehmen. Hierbei darf auf keinen Fall zuviel Lösemittel verwendet werden – also: Das Tuch darf nicht von Lösemittel triefen oder tropfen. **Sprühen oder Spülen mit Lösemittel ist ausdrücklich untersagt.**

Das Trocknen nach der Zwischenreinigung erfolgt bei Typ 1- und Typ 2-Mitteln durch Aufsaugen des Wassers mit Papier oder Tüchern bzw. durch zirkulierende Warmluft mit einer Temperatur von höchstens 52 Grad Celsius und bei Typ 3-Mitteln durch normale Verdampfung, Aufsaugen, Abwischen, Wedeln oder zwangsbewegte Luft.

Der Entwickler sollte möglichst rasch nach der Zwischenreinigung aufgetragen werden, damit das Eindringmittel in den Ungänzen auf keinen Fall antrocknen kann. Die größtmögliche Zeitspanne nach dem Trocknen bis zum Entwicklerauftrag muss in der Verfahrensbeschreibung angegeben werden und ist unbedingt einzuhalten. Zur Entwicklung von Farbeindringanzeigen dürfen nur Nassentwickler verwendet werden, bei Fluoreszenz-Eindringmitteln ist auch Trockenentwickler erlaubt.

Section	Code	Inhalt
I	HC	Konstruktion von Dampfkessel und Rohrleitungen
II	NC	Werkstoffspezifikationen Teil A für Eisenwerkstoffe (Vormaterialprüfung mit ASTM-Verweis) Teil B für Nichteisenwerkstoffe Teil C für Schweißstäbe, Elektroden und Zusatzwerkstoffe Teil D für normale Eigenschaften Teil D für metrische Eigenschaften

III	HC	Unterabschnitt NCA Allgemeine Vorschriften für Teil 1 und 2 (Anhänge)
		Teil 1 Kernkraftwerke
		Unterabschnitt NB Komponenten Klasse 1
		                                      NB 2000 Vormaterialprüfungen / Zulässigkeiten
		                                      NB 4000 Fertigung
		                                      NB 5000 Zerstörungsfreie Prüfungen
		                                      NB 6000 Zerstörende Prüfungen
		Unterabschnitt NC Komponenten Klasse 2
		Unterabschnitt ND Komponenten Klasse 3
		Unterabschnitt NE Komponenten Klasse MC
		Unterabschnitt NF Abstützteile
		Unterabschnitt NG Core-Tragkonstruktionen
		Unterabschnitt NH Komponenten Klasse 1 (Hochtemperaturservice)
		
		Teil 2 Vorschriften für Reaktordruckgefäße
		Teil 3 Vorschriften für Transport- und Lagerbehälter von radioaktivem
		              Material
		Teil 5 Hochtemperaturreaktoren

IV	NC	Heizungskessel

V	NC	Zerstörungsfreie Prüfungen
		Subsection A Artikel 1 Allgemeine Vorschriften
		                      Artikel 2 RT - Durchführung
		                      Artikel 4 UT - Schweißnahtprüfung
		                      Artikel 5 UT - Ultraschallprüfung von Werkstoffen
		                      Artikel 6 PT - Durchführung
		                      Artikel 7 MT - Durchführung
		                      Artikel 8 ET - Durchführung
		                      Artikel 9 VT - Durchführung
		                      Artikel 10 LT - Durchführung
		                      Artikel 11 AT - Durchführung an Druckbehältern aus
		                                             Kunststoff
		                      Artikel 12 AT - Durchführung an Druckbehältern aus
		                                             Metallen
		                      Artikel 13 AT - Kontinuierliche Prüfungsüberwachung
		                      Artikel 14 AT - Prüfsystemqualifikation
		                      Artikel 15 ET - ACFMT-Technik
		                      Artikel 16 MT - MFL-Prüfung
		                      Artikel 17 ET - RFT-Prüfung

Section	Code	Inhalt
V	NC	Subsection B Unverbindlich / ASTM-Normen, die ASME akzeptiert
		Artikel 22 Normen für Durchstrahlungsprüfung
		Artikel 23 Normen für Ultraschallprüfung
		Artikel 24 Normen für Eindringprüfung
		Artikel 25 Normen für Magnetische Prüfung
		Artikel 26 Normen für Wirbelstromprüfung
		Artikel 29 Normen für Akustische Emissionsprüfung
		Artikel 30 Begriffe für ZfP-Normen
		Artikel 31 Alternative Normen für die Wirbelstromprüfung
VI	NC	Regeln für die Wartung und das Betreiben von Heizungskesseln
VII	NC	Empfohlene Regeln für die Wartung von Dampfkesseln
VIII	HC	Druckbehälter
		Teil 1 Drucktragende Teile aus Metall
		Teil UW Schweißnähte Stahlguss
		RT: UW51, 52, App.4 App.7
		UT: UW53, App.12 App.7
		PT: App.8, UW50 App.7
		MT: App.6, UW50 App.7
		UW3 - Nahtkategorien,
		UW11 - Prüfumfang,
		UW12 - Nahttyp Druckbehälter
		Teil 2 Alternative Regeln (strenger)
		Teil 3 Alternative Regeln für hohe Druckbehälter
IX	NC	Eignungsvorschriften für Schweißverfahren und Schweißer, Hartlötverfahren und Hartlöter
X	NC	GFK - Druckbehälter
XI	NC	Richtlinien für die Prüfung von Kühlsystemen von Kernreaktoren im Betrieb (Wiederkehrende Prüfungen)
XII	NC	Richtlinien für die Konstruktion und den Service von Transporttanks

Abb. 7.5 Inhalt und Aufbau des ASME-Codes

Trockenentwickler darf nur auf eine trockene Oberfläche aufgestäubt oder mittels Puderquast „gebürstet" werden und ist dort gleichmäßig zu verteilen.

Nassentwickler muß vor dem Aufbringen gut umgerührt bzw. geschüttelt werden, um die Suspensionsteilchen des Entwicklers gleichmäßig in der Flüssigkeit zu verteilen.

Sind die Entwicklerteilchen in Wasser suspendiert, so dürfen sie auch auf eine nasse Oberfläche aufgebracht werden, wenn ein dünner gleichmäßiger Entwicklerfilm hergestellt werden kann. Die Trocknungszeit darf durch heiße Luft (nicht über 52 Grad Celsius) verkürzt werden. Aufsaugen des Wassers z.B. mittels Papier ist nicht gestattet.

Sind die Entwicklerteilchen in Lösemittel suspendiert, so dürfen sie nur auf trockene Oberflächen aufgebracht werden. Als Aufbringetechnik ist Sprühen vorgeschrieben. Wenn Sicherheitsvorschriften Sprühen verbieten, darf es ausnahmsweise auch mittels Bürsten oder Pinsel aufgetragen werden. Die Trocknung muss durch normale Verdampfung erfolgen.

Die Prüfabschnitte dürfen nur so groß gewählt werden, dass das Ausbluten (unter „Ausbluten" ist ganz allgemein das Austreten des Eindringmittels – und nicht nur das Austreten eines roten Eindringmittels zu verstehen) des Eindringmittels während der gesamten Entwicklungszeit beobachtet werden kann. Starkes Ausbluten kann eine Beurteilung des wahren Anzeigenbildes verhindern. Eine abschließende Beurteilung darf frühestens nach 7, spätestens aber nach 30 Minuten Entwicklungsdauer erfolgen. Die Zeit von 30 Minuten darf nur dann überschritten werden, wenn sichergestellt ist, dass das Ausbluten nach dieser Zeit beendet ist. Eine Endreinigung des Bauteils sollte vorgesehen werden, in Sect. III des ASME-Codes wird sie sogar ausdrücklich gefordert. Der grundsätzliche Verfahrensablauf für die Typ 1- und Typ 3- Eindringmittel bzw. für die Typ 2- Eindringmittel ist in den Abb. 7.6 und 7.7 dargestellt.

Abb. 7.6 Reihenfolge der wesentlichen Verfahrensschritte bei Typ 1- und Typ 3 Eindringmitteln [7.8]

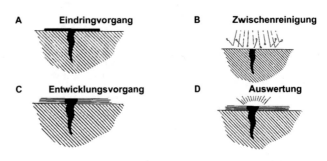

Abb. 7.7 Reihenfolge der wesentlichen Verfahrensschritte bei Typ 2-Eindringmitteln [7.8]

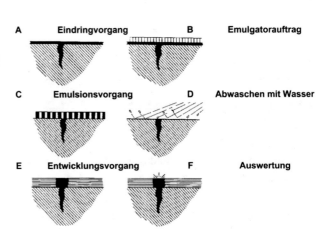

Hinweise zu konkreten Festlegungen hinsichtlich der Randbedingungen für die einzelnen Verfahrensschritte im Vergleich mit dem europäischen Regelwerk sind in Tabelle 7.9 enthalten. Die einzelnen Verfahrensschritte selbst und die Verfahrensabläufe werden für die im ASME-Code vorgegebenen Prüfmittelsysteme in den Abb. 7.8 und 7.9 dargestellt.

Tab. 7.9 Vergleich: Europäisches und Amerikanisches Regelwerk [7.11]

Verfahrensschritt	Europäisches Regelwerk	Amerikanisches Regelwerk ASME-Code, Sect V und Sect. III, NB
Vorreinigung	Schweißnaht + 15 mm	WEZ; 25 mm Grundwerkstoff
Eindringvorgang Dauer	Empfehlung 5 - 30 min	Guss, Schweißnaht $\geq$ 5 min -60 min; Schmiedeteil, Blech $\geq$ 10 min - 60 min
Eindringvorgang Temperatur	5 - 50 Grad Celsius	16 - 52 Grad Celsius Prüfnormal
Emulgierzeit	nach Testergebnissen	Artikel 24 Herstellerangaben Artikel 6 kleiner 5 min
Abwaschtemperatur	37 Grad Celsius	16 - 43 Grad Celsius
Trocknung nach Zwischenreinigung	max. 50 Grad Celsius	16 - 52 Grad Celsius
Entwicklungszeit	5 - 30 min	7 - 30 min
Inspektion, Bestrahlungsstärke	> 10 W/ m²	> 8 W/ m² bei max. 32 lx Fremdlicht
Inspektion, Beleuchtungsstärke	500 lx	360 lx

Abb. 7.8 Verfahrensablauf der
Eindringprüfung nach ASME-
Code Sect. V und ASTM E-
165 Systeme A Typ 1 und 2,
Systeme B Typ 1 und 2 [7.8]

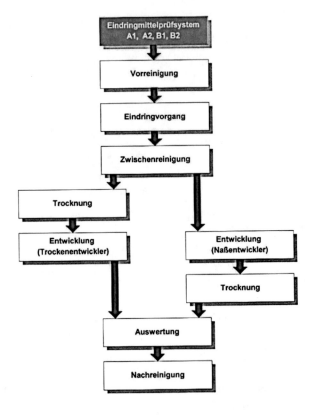

Abb. 7.9 Verfahrensablauf der
Eindringprüfung nach ASME-
Code Sect. V und ASTM E-
165 System A und B, Typ 3
[7.8]

Literatur

[7.1] DIN EN ISO 3452-1, ZfP, Eindringprüfung, Allgemeine Grundlagen, Sept. 2013;

[7.2] DIN EN 571-1, ZfP, Eindringprüfung, Allgemeine Grundlagen;

[7.3] DIN EN ISO 3452-2, ZfP, Eindringprüfung, Prüfung von Eindringmitteln, Nov. 2006;

[7.4] DIN EN ISO 3452-3, ZfP, Eindringprüfung, Kontrollkörper, Febr. 1999;

[7.5] ASTM D 808, Standard-Prüfmethode für die Bestimmung des Chlorgehalts in Erdölerzeugnissen (Allgemeine Bombenverfahren), 2011;

[7.6] ASTM D 129, Standard-Methode für die Bestimmung des Schwefelgehalts in neuen und verbrauchten Erdölerzeugnissen (Allgemeines Bombenverfahren), 2011;

[7.7] ASTM SE-165,

[7.8] ASME-Code, Sect. V, Standard-Prüfmethode für die Eindringmittelprüfung, 2002;

[7.9] Sicherheitsdatenblatt der Fa. MR-Chemie;

[7.10] DIN 54152-1, ZfP, Eindringverfahren, Prüfung von Prüfmitteln, Juli 1989;

[7.11] Schiebold, Skript PT3 LVQ-WP Werkstoffprüfung GmbH;

Anzeigenbewertung

8.1 Klassifizierung der Anzeigen

Nicht alle bei einer Eindringprüfung festgestellten Anzeigen sind für die Beurteilung des Prüfstücks auf seine Verwendbarkeit „relevante" oder „erhebliche" Anzeigen. Es gibt auch „nichtrelevante" oder „unerhebliche" Anzeigen, die als Schein-, Form- oder Geometrieanzeigen bezeichnet werden. Scheinanzeigen sind im Wesentlichen auf Verfahrensfehler, wie falsche Verfahrensauswahl oder -durchführung oder auch auf unzureichende Prüfmittelqualität zurückzuführen, während Form- und Geometrieanzeigen konstruktiv, z.B. durch schroffe Querschnittsübergänge oder Pressverbindungen bedingt sind. Die Unterscheidung von relevanten und nichtrelevanten Anzeigen ist durch Veränderung der Prüftechnik, des Prüfzeitpunktes oder des Verfahrens möglich. Tabelle 8.1 gibt einen Überblick über die Anzeigenbewertung.

Nach ASME-Code, Sect. V, Art. 6 [8.1] ist eine Anzeige solange als relevant zu betrachten, bis bewiesen ist, dass sie für die Beurteilung des Bauteilzustandes ohne Belang ist und keine relevanten Anzeigen verdeckt. Anderenfalls ist die Eindringprüfung zu wiederholen und/oder die festgestellten Anzeigen sind zu protokollieren. Dabei ist zu berücksichtigen, dass die Qualität eines Bauteiles zu schlecht eingestuft wird, wenn nichtrelevante Anzeigen deshalb mit protokolliert werden, weil sie nicht von relevanten Anzeigen unterschieden werden können. Auch kann die Protokollierung in einem solchen Fall für den Prüfer sehr aufwendig werden, so dass oft nur der Befund nach einer Reparaturmaßnahme aufgenommen wird. Das ist jedoch nach bestimmten Regelwerken nicht zulässig, wie z.B. nach ASME-Code.

Die Arbeitsschritte zur Aus- und Bewertung von Anzeigen bei der Eindringprüfung sind in Abb. 8.1 zusammengestellt.

Relevante Anzeigen können nach ihrer Form und Art sowie auch unter dem Aspekt ihrer Beurteilung zur Bauteilverwendbarkeit grundsätzlich und in Anlehnung an den ASME-Code in rundliche und längliche Anzeigen mit der Ergänzung von Anzeigenreihen beim Auftreten einer bestimmten Häufigkeit unterteilt werden.

K. Schiebold, *Zerstörungsfreie Werkstoffprüfung – Eindringprüfung,*
DOI 10.1007/978-3-662-43809-1_8, © Springer-Verlag Berlin Heidelberg 2014

Tab. 8.1 Anzeigenbewertung bei der Eindringmittelprüfung

Anzeigen der Eindringprüfung			
Nichtrelevante Anzeigen		Relevante Anzeigen	
Scheinanzeigen	Form- und Geometrieanzeigen	Zulässige Anzeigen	Fehler
Ursachen			
Staub und Schmutz	Scharfe Kanten		
Fusselnder Lappen	Querschnittsübergänge	Ungänzen, die den Verwendungszweck	Ungänzen, die den Verwendungszweck
Ungenügende Zwischenreinigung	Aussparungen	des Prüfstücks **nicht** oder **nur unerheblich** beeinträchtigen	des Prüfstücks **mehr als unerheblich** beeinträchtigen
Oberflächenrauhigkeit Rost, Zunder	Bohrungen		
Eindringmittel an den Händen des Prüfers	Pressverbindungen	Anzeigen ≤ 1.5 mm nach ASME-Code	Risse nach ASME-Code und HP5/3
Pigmentspritzer	Gewinde		

Abb. 8.1 Vorgehensweise bei der Inspektion und Bewertung von Anzeigen bei der Eindringprüfung [8.4]

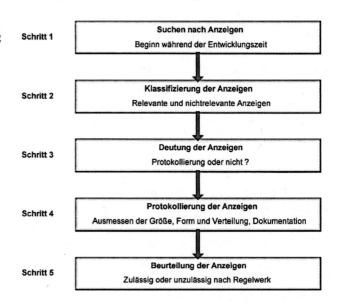

Als rundliche Anzeigen werden danach Anzeigen eingestuft, deren Länge kleiner ist als ihre 3-fache Breite (Abb. 8.2).

Längliche Anzeigen, deren Charakter immer auch ohne Kenntnis der Ungänzenart Risse oder zumindest trennungsartige Fehlstellen vermuten lässt, haben demzufolge eine

Abb. 8.2 Beispiele für rundliche Anzeigen [8.1]

Abb. 8.3 Beispiele für längliche Anzeigen [8.1]

Abb. 8.4 Laminare dopplungsartige Anzeigen [8.1]

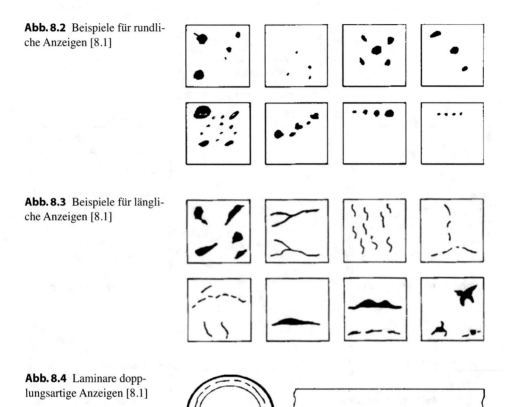

Länge, die größer ist als ihre 3-fache Breite (Abb. 8.3). In diese Kategorie sind auch laminare dopplungsartige Anzeigen einzuordnen, wie z.B. von Dopplungen in gewalztem Material (Abb. 8.4).

In Abhängigkeit von der Häufigkeit wird im ASME-Code auch eine Aufreihung der Anzeigen definiert. Sie wird einerseits durch die Länge der Einzelanzeigen und andererseits durch die Abstände zwischen den Einzelanzeigen geprägt. Speziell die entscheidenden Sectionen des ASME-Codes enthalten hierzu exakte Angaben. Man geht davon aus, dass solche Aufreihungen bei der Beurteilung schwerwiegendere Befunde darstellen als einzelne rundliche oder längliche Anzeigen.

Nach anderen Regelwerken werden Einzelanzeigen und Mehrfachanzeigen, lineare und nichtlineare Anzeigen unterschieden (z.B. DIN EN 1371 [8.2]). Weitere Regelwerke schreiben die Klassifizierung der Anzeigen anhand von Vergleichsfotographien vor (ASTM-E-433 [8.3]).

Den Inhalt einer Anzeigenanalyse von zulässigen Fehlertypen zeigt Abb. 8.5 [8.1].

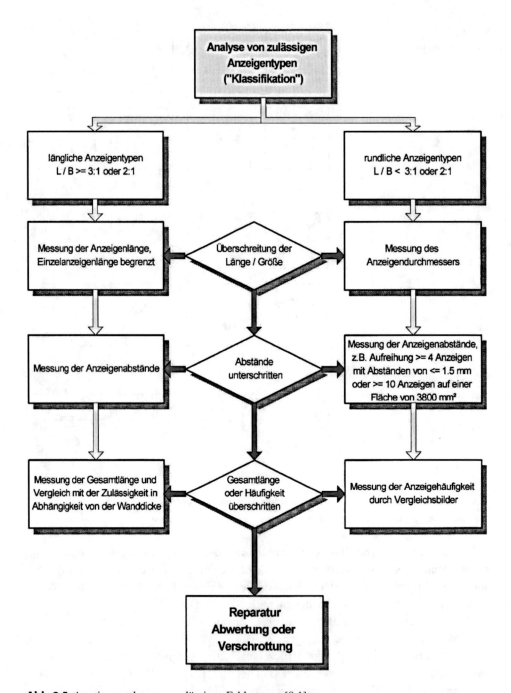

Abb. 8.5 Anzeigenanalyse von zulässigen Fehlertypen [8.1]

8.2 Beurteilung der Anzeigen

Die Beurteilung der Befunde kann unterschiedliches Niveau aufweisen. Man unterscheidet „Nominales Niveau", wenn eine Ja/Nein – Aussage verlangt wird, ein „Ordinales Niveau", wenn bestimmte Gütestufen durch das Regelwerk festgelegt sind und „Metrisches Niveau", wenn die Anzeigen bezüglich ihrer Ausdehnung und Lage im Bauteil vermessen und beurteilt werden müssen.

Im Vergleich der Oberflächenprüfverfahren Eindring- und Magnetpulverprüfung sei folgende Bemerkung gestattet. Die Bewertung einer Anzeige sollte vom Grundsatz her anhand der wahren Ungänzengröße erfolgen, um zu vermeiden, dass die Qualität des Bauteils zu gut oder zu schlecht eingeschätzt wird. Hierbei ist die Magnetpulverprüfung eindeutig im Vorteil, vor allem bei ferritischen Werkstoffen, weil sie empfindlicher ist und die wahre Ungänzengröße mit einer wesentlich geringeren Vergrößerung anzeigt als die Eindringprüfung. Bei der Eindringprüfung wird zumeist die Größe der ausgebluteten Anzeige und nicht der darunter verborgene Fehler als zu bewertende Anzeigengröße definiert. Da beide Verfahren in den Regelwerken jedoch hinsichtlich der Zulässigkeiten gleichbehandelt werden, kann man teilweise von einer Überbewertung der Anzeigen bei der Eindringprüfung oder von einem Ausgleich der mangelnden Empfindlichkeit der Eindringprüfung gegenüber der Magnetpulverprüfung ausgehen. Dies führt oft dazu, dass dem Magnetpulververfahren der Vorzug gegeben wird, sofern es der Werkstoff zulässt.

Unabhängig von dieser Betrachtung kann die wahre Größe von Ungänzen bei der Oberflächenrissprüfung generell nur sehr ungenau bestimmt werden, da oft nur ein Teil der Ungänzen durch die Oberflächenbehandlung angeschnitten und ein anderer unbekannter Teil seine Öffnung zur Oberfläche verliert oder ganz verborgen bleibt.

8.2.1 Beurteilung der Anzeigen auf nominalem Niveau

Die Zulässigkeit von Anzeigen wird im Regelwerk im Prinzip nur nach dem Ungänzentyp festgelegt oder nominiert. Beispielsweise sind nach AD Merkblatt HP 5/3 [8.5] nur lineare Anzeigen unzulässig, die auf Werkstofftrennungen zurückzuführen sind, während Oberflächenporen vereinzelt zulässig sind.

8.2.2 Beurteilung der Anzeigen auf ordinalem Niveau

In diesem Fall verlangen die betreffenden Regelwerke nicht nur eine Zuordnung zum Ungänzentyp, sondern definieren die Grenzen der Zulässigkeit weiter in Abhängigkeit vom Prüfgegenstand bzw. Prüfzeitpunkt, von der Anzeigengeometrie (rundlich, linear) sowie von der Größe, Verteilung und Häufigkeit der Anzeigen. Bei relativ großer Häufigkeit der Anzeigen ist es nicht mehr sinnvoll, einzeln auszuwerten. Man benutzt deshalb besser Grenzmuster oder Vergleichsfotographien. Charakteristisches Beispiel für dieses Niveau ist die Verfahrensweise im amerikanischen Regelwerk, insbesondere dem ASME-Code, der drei grundsätzliche Prüfzeitpunkte bei der Herstellung einer Komponente kennt:

- die Vormaterialprüfung,
- die Prüfung der Nahtvorbereitung (Schweißphase),
- die Prüfung der Schweißnaht.

Die Prüfung des Vormaterials erfolgt meist beim Materialhersteller (Materials Manufacturer – MM) oder Materiallieferanten (Materials Supplier – MS). Die Beurteilung von Naht und Nahtvorbereitung erfolgt in der Regel durch den Hersteller. Bei der abschließenden Beurteilung spielt die Materialdicke für die Zuordnung der Beurteilungskriterien keine Rolle mehr.

Die Zulässigkeitskriterien sind vom Hersteller bei Auftragsvergabe in der Mate-rial-spezifikation festzulegen, die sich im Allgemeinen an einen geeigneten ASTM-Standard anlehnt. Bei der Eindringprüfung ist das abgeleitet von ASTM E-165 [8.6] die Norm ASTM E-433 [8.3], die Befunde anhand von Vergleichsfotographien zu bewerten gestattet. Dieser Vergleichsatlas unterscheidet zwischen rundlichen und länglichen Anzeigen jeweils vier Klassen, denen eine unterschiedlich große Zahl von Vergleichsfotographien zugeordnet wird (Tabelle 8.2) und bei denen mit steigender Ziffer die Qualität abnimmt.

Tab. 8.2 Vergleichsfotoklassifizierung nach ASTM E-433

Ungänzentyp	Ungänzenklasse	Definition der Ungänzen	Bild-Nr.
I	A	Einzeln	1,2
	B	Mehrfach ungeordnet	1,2,3,4
	C	Mehrfach in Linie	1,2
	D	Oberflächen-Schnittpunkt	1
II	A	Einzeln	1,2,3,4
	B	Mehrfach ungeordnet	1,2,3
	C	Mehrfach in Linie	1,2,3,4
	D	Oberflächen-Schnittpunkt	1,2,3,4

Bei der Prüfung der fertigen Schweißnaht sind erhebliche längliche Anzeigen – d.h. länger als 1,5 mm – nicht zulässig. Bei der Schweißflankenprüfung gilt grundsätzlich ähnliches – es sei denn – es handelt sich um „laminare" (dopplungsartige) Anzeigen; also z.B. Dopplungen oder flächenhafte Einschlüsse. In diesem Fall sind Längen bis 25 mm zulässig.

Nach ASME-Code, Sect. III, Subsectionen NC 2546 und 5352 [8.7], werden Anzeigen nach dem Eindringverfahren nur bewertet, wenn sie größer als 1,5 mm sind. Im Detail gilt folgende Nichtakzeptanz für die Ungänzen:

1. Lineare Anzeigen
   >1.5 mm bei Wanddicken < 15 mm,
   >3.1 mm bei Wanddicken ≥ 15 mm und < 51 mm,
   >4,7 mm bei Wanddicken ≥ 51 mm.
2. Rundliche Anzeigen
   >3.1 mm bei Wanddicken < 15 mm,
   >4,7 mm bei Wanddicken ≥ 15 mm.
3. Vier oder mehr rundliche Anzeigen in Aufreihung. Das Kriterium der Aufreihung ist erfüllt, wenn vier oder mehr rundliche Anzeigen in einer Linie liegen. Von der Mitte der
   ersten Anzeige zur Mitte der vierten Anzeige wird eine Linie gezogen. Die beiden übri-
   gen Anzeigen müssen von dieser Linie mindestens noch gerade berührt werden. dabei
   darf der Randabstand zwischen allen benachbarten Anzeigen höchstens 1,5 mm betragen.
4. Zehn oder mehr rundliche Anzeigen auf einer Fläche von 3800 mm^2. Diese Fläche ist
   entweder ein Quadrat oder ein Rechteck mit einer größten Seitenlänge von 150 mm und
   relativ zu den Anzeigen so zu legen, daß möglichst viele Anzeigen innerhalb dieser Fläche liegen.

Nach ASME-Code, Sect. VIII, Div.1, Anhang 7 [8.8], sind an Stahlgussteilen folgende Ungänzen unzulässig und durch Reparatur zu beseitigen.

1. Risse und besonders Warmrisse.
2. Jede Gruppe von mehr als 6 länglichen Anzeigen, bei denen es sich nicht um Risse handelt, und die innerhalb einer rechteckigen Fläche von 38 * 152 mm (5776 mm^2) oder
   einer kreisförmigen Fläche von ∅ 89 mm (6221 mm^2) liegen, wobei diese Fläche in
   Bezug auf die zu beurteilenden Anzeigen so zu legen sind, dass möglichst viele Anzeigen erfasst werden.
3. Sonstige längliche Anzeigen > 6.3 mm bei Wanddicken ≤ 19 mm, >1/3 der Wanddicke
   bei Wanddicken > 19 mm ≤ 57 mm und > 19 mm bei Wanddicken > 57 mm. Der Abstand der zulässigen Anzeigen muss dabei kleiner als die Länge der längsten zulässigen
   Anzeigen sein.
4. Rundliche Anzeigen mit Abmessungen ≥ 4,7 mm ∅ sind grundsätzlich unzulässig. An
   Schweißnähten gilt gemäß Sect.VIII, Div,1, nachfolgendes Bewertungsschema unter
   folgenden Voraussetzungen (Abb. 7.5):
   • Relevante Anzeigen sind Anzeigen > 1,5 mm ∅
   • Längliche Anzeigen sind Anzeigen mit Länge/Breite = 3/1

Entscheidend für die Bewertung ist ausdrücklich die Anzeigengröße, nicht die wirkliche
Größe der Ungänze.
   Ein Schema für die Beurteilung von Anzeigen bei Schweißnähten nach dem ASME-
Code zeigt Abb. 8.6.

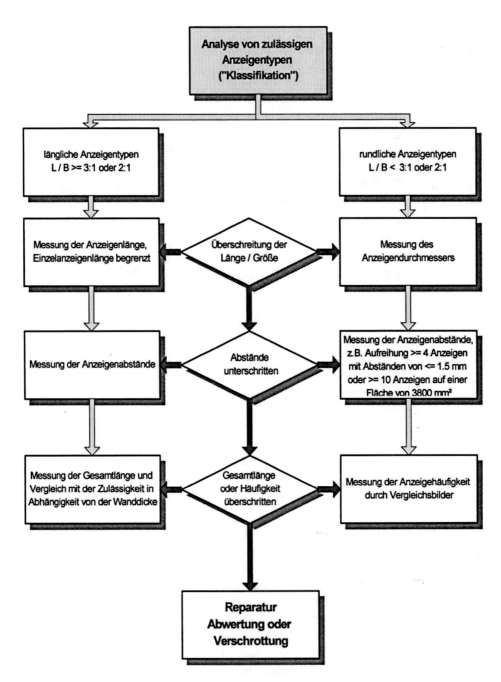

Abb. 8.6 Schema für die Beurteilung von Anzeigen nach ASME-Code bei

8.2.3 Beurteilung der Anzeigen auf metrischem Niveau

Charakteristisch für dieses Niveau der Beurteilung ist DIN EN 10228-2 [8.9], nach der Schmiedestücke geprüft werden. Die Norm enthält bezüglich der Befunde der Eindring-prüfung 6 Gütestufen, in denen die zulässigen nichtlinearen Anzeigen in Abhängigkeit von ihrer Häufigkeit und den Abmessungen und die linearen Anzeigen nach ihrer Länge in Ab-hängigkeit von der Wanddicke eingestuft werden (Tabelle 8.3).

Ähnliche Beurteilungsmaßstäbe werden in der DIN EN 1371-1 vorgegeben, die die Eindringprüfung an Sand-, Schwerkraftkokillen- und Niederdruckkokillengussstücken re-gelt. Die Tabellen 8.4 und 8.5 fassen die Beurteilungsmaßstäbe nach dieser Norm zusam-men. Dabei werden nichtlineare [1], lineare und Anzeigen in Reihe nach 5 Gütestufen unter-schieden.

Tab. 8.3 Beurteilung von Befunden der Eindringprüfung nach DIN EN 10228-2 [8.9]

Parameter	Qualitätsklasse			
	1	2	3	4 [1]
Registriergrenze in mm	≥ 7	≥ 3	≥ 3	≥ 1
Größte zulässige Länge L linearer Einzelanzeigen bzw. größte zu-lässige Länge L_g von zusammenhängenden Anzeigen in mm [2]	20	8	4	2
Größte zulässige kumulative Länge linearer Anzeigen auf der Bezugsfläche in mm [2]	75	36	24	5
Größte zulässige Ausdehnung einzelner runder Anzeigen in mm [2]	30	12	8	3
Größte zulässige Anzahl nachweisbarer Anzeigen auf der Bezugsfläche [3]	15	10	7	5

[1] Qualitätsklasse 4 ist nicht anwendbar für die Prüfung von Flächen mit einer Bearbeitungszugabe ≥ 0,5 mm je Fläche.
[2] Die tabellierten Werte gelten für die Anzeigengröße, nicht aber für die wahre Fehlergröße an der Oberfläche
[3] Bezugsfläche: 148 mm x 105 mm (d.h. DIN A6-Format).

Tab. 8.4 Gütestufen für nichtlineare Anzeigen nach DIN EN 1371-1 [8.2]

Merkmal	Gütestufen							
	SP 01 CP 01	SP 02 CP 02	SP 03 CP 03	SP 1 CP 1	SP 2 CP 2	SP 3 CP 3	SP 4	SP 5
Prüfmittel	Lupe o. Auge	Auge						
Vergrößerung bei Betrachtung von Anzeigen	≤ 3	1						
Durchmesser der kleinsten zu berücksichtigenden Anzeige	0,3	0,5	1	1,5	2	3	5	5
Höchste Anzahl zulässiger Anzeigen	5	6	7	8	8	12	20	32
Höchstzulässiges Maß der Fehleranzeigen für SP = vereinzelte Anzeigen CP = gehäufte Anzeigen	1 3	1 4	1,5 6	3 10	6 16	9 25	14 -	21 -

1) Für L ≤ 3 W   L = Länge   W = Breite der Anzeige

Tab. 8.5 Gütestufen für lineare und in Reihe angeordnete Anzeigen nach DIN EN 1371-1 [8.2]

Merkmal		Gütestufen										
		LP 001 AP 001	LP 01 AP 01	LP 1 AP 1		LP 2 AP 2		LP 3 AP 3		LP 4 AP 4		LP 5 AP 5
Prüfmittel		Lupe o. Auge		Auge								
Vergrößerung bei Betrachtung von Anzeigen		≤ 3		1								
Durchmesser der kleinsten zu berücksichtigenden Anzeige		0,3		1,5		2		3		5		5
Anordnung der Anzeigen vereinzelt (I) und kumulativ (C)		I oder C		I	C	I	C	I	C	I	C	I	C
Größte zulässige Länge	t = ≤ 16 mm	0	1	2	4	4	6	6	10	10	18	18	25
	16 < t = ≤ 50 mm	0	1	3	6	6	12	9	18	18	27	27	40
	t = > 50 mm	0	2	5	10	10	20	15	30	30	45	45	70

1) Für L ≤ 3 W   LP = Lineare Anzeigen AP = In Reihe angeordnete Anzeigen   Angaben in mm

Literatur

[8.1] ASME-Code, Sect. V, Art.. 6, 2002;

[8.2] DIN EN 1371-1, Gießereiwesen- Eindringprüfung- Teil 1: Sand-, Schwerkraftkokillen- und Niederdruckkokillengussstücke; Febr. 2012;

[8.3] ASTM E-433,

[8.4] Schiebold, Skript PT3 LVQ-WP Werkstoffprüfung GmbH;

[8.5] AD-Merkblatt HP 5/3, ZfP, Verfahrenstechnische Mindestanforderungen für die zerstörungsfreien Prüfverfahren, Jan. 2002;

[8.6] ASTM E-165,

[8.7] ASME-Code, Sect. III, Subsect. NC 2546 und 5352, 1989;

[8.8] ASME-Code, Sect. VIII, Div. 1, Anh. 7, 2002;

[8.9] DIN EN 10228-2, Zerstörungsfreie Prüfung von Schmiedestücken aus Stahl- Teil 2: Eindringprüfung; Juni 1998;

Grenzen der Eindringprüfung

Die wichtigste Grenze der Eindringprüfung ist ihr Verfahrensprinzip, Prüfmittel auf Oberflächen aufzutragen und in von der Oberfläche ausgehende, bereits offene Ungänzen eindringen zu lassen. Damit können dicht unter der Oberfläche liegende Ungänzen nicht angezeigt werden. Die Anzeigeempfindlichkeit hängt demzufolge primär vom Oberflächenzustand und sekundär von den Prüfmitteleigenschaften ab. Sind beispielsweise Oberflächenfehler durch Strahlen oder durch mechanische Bearbeitung unmittelbar an der Oberfläche „zugeschmiert", kann auch das beste Prüfmittelsystem die Ungänzen nicht in ihrer wahren Größe anzeigen. Alle Verfahrensschritte müssen demzufolge bezogen auf das zu prüfende Werkstück ebenso gut abgestimmt sein, wie das Prüfmittelsystem selbst. Unter Berücksichtigung der Einteilung der Eindringmittelprüfsysteme sind nach DIN EN ISO 3452-2 [9.1] Empfindlichkeitsklassen wie in Tabelle 9.1 dargestellt festgelegt worden (für Typ III – Eindringmittelprüfsysteme sind keine Empfindlichkeitsklassen vorhanden).

Tab. 9.1 Empfindlichkeitsklassen der Eindringmittelprüfsysteme

Eindringprüfsystem	Empfindlichkeitsklasse	Empfindlichkeit
Fluoreszierendes System	½	unempfindlich
	1	gering empfindlich
	2	mittelmäßig empfindlich
	3	hochempfindlich
	4	extrem hochempfindlich
Farbeindringprüfsystem	1	normal
	2	hochempfindlich

K. Schiebold, *Zerstörungsfreie Werkstoffprüfung – Eindringprüfung,*
DOI 10.1007/978-3-662-43809-1_9, © Springer-Verlag Berlin Heidelberg 2014

9.1 Grenzen der Anzeigefähigkeit

9.1.1 Einfluss der Prüftemperatur

Die Temperatur der Prüffläche ist entscheidend für den Einsatz der Eindringmittelprüfsysteme. Liegt sie in einem sogenannten Standardbereich von 10 bis 50° C nach DIN/EN und von 16 bis 52° C nach ASTM, so können die auf dem Markt üblichen Prüfmittelsysteme eingesetzt werden. Bei Temperaturen < 10° C und > 52° C verändern sich insbesondere die liquiden Stoffe und einige physikalische Eigenschaften der Prüfmittelsysteme. Beispielsweise wird die Eindringgeschwindigkeit der Prüfmittel bei solchen Temperaturen herabgesetzt, weil die Viskosität temperaturabhänig ist. Niedrige Temperaturen verringern die Viskosität des Eindringmittels und erhöhen die Oberflächenspannung. Bei Temperaturdifferenzen der Standardbereiche kann sich die Viskosität um mehr als 20% verändern, so dass die Eindringzeiten den veränderten Bedingungen angepasst oder andere Prüfmittelsysteme verwendet werden müssen.

Auch der Flammpunkt und der Dampfdruck der Eindringmittelsysteme sind temperaturabhängig. Nach dem Flammpunkt werden brennbare Flüssigkeiten in Gefahrenklassen eingeteilt. Danach ist die niedrigste Temperatur die Temperatur, bei der sich das Prüfmittel aufgrund der Bildung eines entflammbaren Gas-Luft-Gemisches entzünden kann. Die Flammpunkte von Eindringmitteln liegen gewöhnlich im Temperaturbereich von 70 bis 120° C.

Der Dampfdruck kann als Maß der Verdunstungsgeschwindigkeit einer Flüssigkeit angesehen werden, d.h. je höher der Dampfdruck ist, desto schneller verdunstet eine Flüssigkeit. Daraus kann abgeleitet werden, dass Eindringmittel einen möglichst niedrigen und Zwischenreiniger sowie die Entwickler einen hohen Dampfdruck aufweisen sollten. Eindringmittel sollen nicht zu schnell antrocknen, während Zwischenreiniger und die Trägerflüssigkeiten der Entwickler rasch verdunsten sollen.

Um die Veränderung dieser physikalischen Eigenschaften der Prüfmittelsysteme weitgehend einzuschränken oder nicht zum Tragen kommen zu lassen, sollten die Eindringmittelprüfsysteme bei einer Anwendung im Temperaturbereich außerhalb der Standardtemperaturen auf Raumtemperatur gehalten werden. Dies kann bei niedrigen Temperaturen durch Verweilen der Dosen in warmem Wasser und dementsprechend bei hohen Temperaturen durch Abkühlen unter kaltem Wasser erfolgen.

Da die Temperatur der Prüfstückoberfläche für die Anwendbarkeit der Eindringmittelprüfung entscheidend ist, sollte vordergründig darauf orientiert werden, diese Oberflächen wieder in den Standardtemperaturbereich zu bringen. Dies kann bei niedrigen Temperaturen durch Erwärmen der Oberflächen realisiert werden. Bei hohen Temperaturen ist es schwieriger, geeignete Maßnahmen zu ergreifen, da die Rissempfindlichkeit der Werkstoffe beachtet werden muss, will man die Oberflächen z.B. mit Wasser abkühlen. Auch die Prüfmittelhersteller können zu einer Erweiterung des Standardtemperaturbereiches beitragen, indem sie ihre Prüfmittel für andere Temperaturbereiche qualifizieren und durch eine Musterprüfung zur Zulassung anmelden. Gegenwärtig werden Eindringprüfungen im Gesamttemperaturbereich von ca. −10° C bis ca. 250° C durchgeführt.

Prüfungen bei niedrigen Temperaturen sind vor allem im Winter auf Baustellen anzutreffen. Kann die Prüfstückoberfläche nicht in den Standardtemperaturbereich gebracht werden, so müssen Prüfmittelsystem und Verfahrensablauf sinnvoll aufeinander und auf die vorliegende Temperatur abgestimmt werden. Insbesondere sind auch Eisbildungen sowohl an der Werkstückoberfläche als auch als Rückstand der Vorreinigung zu vermeiden.

Erhöhte Prüfstücktemperaturen können schon durch Sonneneinstrahlung hervorgerufen werden. Sie bedeuten zumeist eine Verkürzung der Eindring- und Entwicklungszeiten und auch bei der Inspektion sollten die verkürzten Zeiten berücksichtigt werden, da die Anzeigen sehr intensiv auftreten.

Besonders bei der Zwischenreinigung ist zu beachten, dass die Eindringmittel bei den erhöhten Temperaturen leichter ausgewaschen werden können, dass ein Auftrag des Lösemittels durch Sprühen nicht erfolgen darf und dass stets erst Wasser und danach Lösemittel aufgebracht werden muss, wenn eine solche Kombination vorgeschrieben ist.

Die Verkürzung der Eindring-, Entwicklungs- und Inspektionszeiten wird noch größer, wenn die Temperatur weiter ansteigt, wie es bei der Schweißlagenprüfung geschieht. Dabei treten schon Temperaturen bis 250° C auf, so dass die Ausführung der Prüfungen schwieriger wird. Die speziellen Eindringmittel werden mit einem Pinsel zügig aufgetragen, nach relativ kurzer Zeit mit einem nichtfusselnden Lappen und einem Spezialreiniger wieder entfernt. Auch die Zwischenreinigung muss relativ schnell und sorgfältig durchgeführt werden, weil sich sonst die Schweißnaht zu schnell abkühlt und eventuell verunreinigt werden könnte. Die Inspektion ist schließlich auf einen relativ kurzen Nahtabschnitt zu begrenzen und ebenfalls rasch auszuführen, weil die Anzeigen schwächer werden können. Auch die Nachreinigung hat wegen der Möglichkeit der nachfolgenden Verunreinigung der Schweißzone besondere Bedeutung.

Außerhalb des Standardprüfbereiches von 10°C bis 50°C gelten für hohe Prüftemperaturen über 50°C die DIN EN ISO 3452-5 [9.2] und für niedrige Temperaturen kleiner 10°C die DIN EN ISO 3452-6 [9.3].

Für Prüfmittel mit einem Arbeitstemperaturbereich über 50°C ist die Prüfung in Intervallen von maximal 50°C entsprechend Tabelle 9.2 durchzuführen [9.2].

9.1.2 Einfluß von Oberflächenzustand und -behandlung

Es wurde bereits daraufhingewiesen, dass die Grenzen der Anwendbarkeit von Eindringmittelprüfsystemen eng verknüpft sind mit dem Oberflächenzustand oder der Oberflächenbehandlung, weil ursprünglich offene Ungänzen durch plastische Verformung infolge der Oberflächenbearbeitungsverfahren zugedeckt werden können. Insbesondere ist eine solche Wirkung bei Werkstoffen zu beobachten, die schon bei geringen Temperaturen ein relativ hohes Fließvermögen aufweisen, wie z.B. Aluminium oder Titan. Sind Eindringprüfungen an solchen Werkstoffen erforderlich, so ist die Oberfläche der Prüfstücke vor

Tab. 9.2 Prüfmittel mit einem Arbeitstemperaturbereich über 50°C [9.2]

Temperatur-einstufung	Zulässiger Bereich	Prüfpunkt-temperatur	Grenzabweichung
M: mittlere Temperatur	50°C bis 100°C	50°C und 100°C	± 5°C
H: Hohe Temperatur	100°C bis 200°C	100°C, 150°C und 200°C	± 5°C
A, B: Vom Hersteller festgelegter Bereich	A in °C bis B in °C	A in °C bis B in °C und 50°C-Intervalle	± 5°C

der Prüfung durch geeignete Feinbarbeitung (z.B. Schleifen, Honen) oder durch eine Beiz-behandlung zu verbessern, so dass die Ungänzen wieder frei zur Oberfläche liegen. Die Tabellen 9.3 und 9.4 zeigen das Ergebnis einer Untersuchung bei der BAM [9.4] zum Ein-fluss von Beizbädern und mechanischen Bearbeitungsverfahren auf die Anzeigenemp-findlichkeit für Oberflächenungänzen bei der Eindringprüfung.

Es lässt sich unschwer erkennen, dass das Bearbeitungsverfahren in Abhängigkeit vom Werkstoff sorgfältig ausgewählt werden muss und dass ein auf bestimmte Abtragungsra-ten gesteuerter Beizvorgang zu bevorzugen ist. Darf auch eine Beizbehandlung aus ferti-gungstechnischen Gründen nicht durchgeführt werden, muss die Eindringprüfung vor der mechanischen Bearbeitung erfolgen.

Völlig andere Verhältnisse ergeben sich bei der Prüfung stark saugender Oberflächen, wie man sie z.B. bei Keramik antrifft. Das Problem besteht darin, einen ausreichenden

Tab. 9.3 Einfluss von mechanischen Bearbeitungsverfahren auf die Anzeigenempfindlichkeit bei der Eindringprüfung [9.4].

Oberflächenbehandlung	Stahl	Aluminium	Titan
Strahlen mit Aluminiumoxyd Korngröße 120	+		Δ
Strahlen mit Aluminiumoxyd Korngröße 50	+		Δ
Honen flüssig	o		+
Kugelstrahlen (Stahlkugeln)	Δ		Δ
Gleitschleifen (1,5-2h, AL-Oxyd Nr.3)	o	Δ	+
Schleifen Körnung100	x	+	x
Schleifen Körnung180	x	+	+

Erläuterung: Freie Felder : Verfahren nicht angewendet,
             Δ : Die meisten oder alle Anzeigen werden verdeckt,
             + : Einige Anzeigen werden verdeckt,
             o : Anzeige komplett, aber weniger klar,
             x : Keinen Einfluß.

Tab. 9.4 Einfluss von Beizbädern auf die Anzeigenempfindlichkeit bei der Eindringprüfung [9.4]

Oberflächenbehandlung	Beizabtrag in μm		
	Stahl	Aluminium	Titan
Strahlen mit Aluminiumoxyd Korngröße 120	7,5	0,8	
Strahlen mit Aluminiumoxyd Korngröße 50	100	0,5	
Honen flüssig	2,5	0,8	
Kugelstrahlen (Stahlkugeln)	100	2,5	
Gleitschleifen (1,5-2h, AL-Oxyd Nr.3)	2,5	1	5
Schleifen Körnung100	kein Einfluss	kein Einfluss	5
Schleifen Körnung180	2,5	kein Einfluss	5

Kontrast der Anzeigen auf der Oberfläche zu erreichen, weil im Grunde zu viel Eindringmittel in die sehr poröse Oberfläche eindringen kann.

9.1.3   Einfluss des Kontaktwinkelverhältnisses

Im Zusammenhang mit dem Oberflächenzustand und insbesondere der Oberflächenrauigkeit können ungünstige Kontaktwinkel an der Grenzfläche Prüfstück/Eindringmittel auftreten. Wie bereits besprochen, bestimmt dieser Kontaktwinkel maßgeblich die Benetzungsfähigkeit der Eindringmittelsysteme. Schlecht benetzende Eindringmittel weisen einen großen Kontaktwinkel mit der jeweiligen Oberfläche auf (Tropfenbildung), während gut benetzende Eindringmittel einen kleinen Kontaktwinkel haben (Filmbildung). Prüfstücke aus Glas, Kunststoff und mit Beschichtungen (Teflon) sind in die Kategorie der schlecht benetzenden Materialien einzuordnen, sicher auch deshalb, weil ihre Adhäsionskräfte gering sind.

9.2   Verfahrensbedingte Grenzen

9.2.1   Vor- und Nachteile der Eindringmittelprüfung

Tabelle 9.5 gibt einen Überblick über Vor- und Nachteile der Eindringprüfung im Vergleich mit anderen Oberflächenprüfverfahren.

Die Tabelle zeigt, dass eine sinnvolle Kombination der Oberflächenprüfverfahren u. U. auch mit den Volumenprüfverfahren die Einsatzfähigkeit der zerstörungsfreien Prüfung erweitern kann.

Tab. 9.5 Eindringprüfung im Vergleich mit anderen Oberflächenprüfverfahren [9.5]

Oberflächen-prüfverfahren	Anzeigbare Fehlertiefe (mm)	Automati-sierbarkeit	Vorteile	Verfahrensgrenzen
Eindring-prüfung	>0,01	teilweise	geringer Aufwand, für alle Werkstoffe geeignet	Ungänzen müssen zur Oberfläche offen sein
Magnetpul-verprüfung	<0,01	teilweise	Leicht auswertbar, geringer Einfluss von Geometrie und Oberfläche	Nur ferromagnetische Werkstoffe
Streufluss-sonden	>0,2	ja	Anzeige von Innenrissen	Nur ferromagnetische Werkstoffe und rotations-symmetrische Werkstücke
Wirbelstrom-sonden- und spulen	>0,2	ja	Hohe Prüfgeschwindig-keit, Geräteaufwand hoch gegenüber PT und MT, aber gering gegen-über Streuflusssonden	Nur elektrisch leitende Werkstoffe und einfache Geometrien, Vormagnetisie-rung ferromagnetischer Prüfstücke
Potential-Sonden	>0,2	nein	Sichere Tiefenbestim-mung von Oberflächen-rissen (Probleme bei Gusswerkstoffen), unab-hängig von der Werk-stückgeometrie	Nur für elektrisch leitende und speziell ferromagneti-sche Werkstoffe, nicht zur Ungänzendetektion

9.2.2 Prüfung von Glas und Kunststoffen

Glas weist ebenso wie Kunststoff eine sehr glatte Oberfläche auf, so dass die Benetzungs-fähigkeit für die Eindringmittel eine entscheidende Rolle hinsichtlich der Prüfbarkeit spielt. Elektrostatische Auftragungsmethoden für die Eindringmittel werden bevorzugt eingesetzt, um durch die Ladungsunterschiede eine gleichmäßige Benetzung zu erreichen.

Eine wichtige Voraussetzung bildet bei der Prüfung von Glas und Kunststoffen die in-dividuelle Erprobung des Verfahrensablaufes. Eindringprüfmittelsystem, Verfahrensab-lauf und zu erwartende Ungänzentypen sind exakt aufeinander abzustimmen. Vor allem Spannungsrisse und Porositäten sind als Ungänzen bei diesen Werkstoffen zu erwarten, die sowohl durch den Herstellungsprozess als auch bei der Verarbeitung entstehen können. Bei den Kunststoffen können darüber hinaus Risse durch Einwirkung chemischer, thermi-scher und elektrischer Belastungen auftreten. Um solchen Einwirkungen vorzubeugen, sind Teste durchzuführen und entsprechend vorzubereiten (Tabelle 9.6).

9.2.3 Prüfung von Keramik

Keramik besteht im Wesentlichen aus Aluminiumoxid und/oder Siliziumoxid und kann so-wohl im ungesinterten (Grünlinge) als auch im gesinterten (gebrannten) Zustand zur Ein-dringprüfung vorgestellt werden. Das Hauptproblem bei der Prüfung dieser Werkstoffe entsteht durch ihre starke Porosität, die zu einer stark saugenden Wirkung beim Einsatz

Tab. 9.6 Vorbereitende Teste zur Eindringprüfung von Kunststoffen [9.5]

Test	Untersuchungsgegenstand
Werkstoff	- Beständigkeit gegenüber Reinigungs- und Prüfmitteln hinsichtlich der Einwirkung von Chemikalien, Wasser, Farbveränderungen, Formveränderungen, Gewichtsveränderungen, Oberflächenveränderungen. - Beständigkeit gegenüber thermischen Belastungen. - Benetzung der Oberfläche. - Teststücke vom Hersteller. - Ungänzentypen.
Prüfmittelsystem	- Herstellerangaben nach Musterprüfung zur Eignung, - Eindringzeiten, - Entwicklungszeiten, - Inspektionszeiten, - Prüfsystem- und Verfahrenskontrollen.
Werkstück	- Auswahl des Verfahrensablaufes, - Oberflächentemperaturen, - Nachweis der Ungänzentypen, - Vorbereitende und abschließende Oberflächenbehandlung.

von Eindringmitteln führt. Daraus ergibt sich eine relativ geringe Kontrastierung zwischen Eindringmittel und Entwickler. Es wird einfach zu viel Eindringmittel aufgenommen, das ständig ausblutet, wenn nicht entsprechende Maßnahmen ergriffen werden.

Neben der bekannten Klangprüfung und der Ultraschallprüfung werden gegenwärtig zur Oberflächenprüfung von Keramik die Vorbenetzungsprüfung und die Filterteilchenprüfung [9.5] eingesetzt. Bei der Vorbenetzungsprüfung, auch „Prewetting System" [9.5] genannt, wird die Keramikoberfläche mit einem genau vorgegebenen Wasservolumen benetzt, weil sie sonst zu viel Farbhintergrund abgeben würde. Es wird so viel Wasser zugegeben, dass sich nur die kleinen unrelevanten Poren füllen können, während die großen relevanten Poren nur am äußersten Rand mit Wasser gefüllt sind. Auf diese Weise können das fluoreszierende oder das farbige nachemulgierbare Eindringmittel nur in die großen Poren eindringen und Anzeigen bringen, die auf der entwickelten Keramikoberfläche gut zu erkennen sind. Der Verfahrensablauf nach dem Aufbringen des Eindringmittels entspricht dem bei metallischen Werkstoffen.

Die Eindring- und Entwicklungszeiten liegen im Allgemeinen unter 5 Minuten für gesinterte Prüfstücke. Bei ungesinterten Prüflingen sind Tests erforderlich, weil die Teile leicht in Wasser aufquellen. Deshalb werden die Prüfmittel bevorzugt auch auf die Teile gesprüht.

Besondere Aufmerksamkeit ist für den Prüfer von Keramikteilen bei der Inspektion geboten, da speziell im Inneren der Prüfstücke angeordnete Flächen schlecht auszuwerten sind.

Abb. 9.1 Schematische Darstellung der Filterteilchenprüfung [9.5]

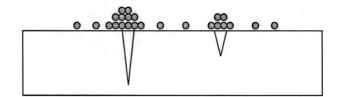

Keramik mit sehr porösen Oberflächen wird in bestimmten Fällen auch mit der Filterteilchenprüfung („Filtered-Particle-Test") geprüft. Dabei werden die zu prüfenden Teile
mit einer Suspension aus fluoreszierendem Eindringmittel übergossen. Die Trägerflüssigkeit des Eindringmittels dringt in die Fehlstellen ein. Die Eindringmittelteilchen dagegen
besitzen eine definierte Größe, die so ausgelegt ist, dass sie nicht in die Ungänzenöffnungen eindringen können und sich folglich an den Öffnungen ansammeln werden. dadurch
kommt es zu einer unter UV-Licht erkennbaren Anzeige (Abb. 9.1).

Literatur

[9.1] DIN EN ISO 3452-2, ZfP, Eindringprüfung, Prüfung von Eindringmitteln, Nov. 2006;
[9.2] DIN EN ISO 3452-5, ZfP, Eindringprüfung, Eindringprüfung bei Temperaturen über 50°C,
April 2009;
[9.3] DIN EN ISO 3452-6, ZfP, Eindringprüfung bei Temperaturen unter 10°C, April 2009;
[9.4] Stadthaus, Evaluation oft he viewing conditions in fluorescent magnetic particle and penetrant
testing, INSIGHT 39 (1997);
[9.5] Schiebold, Skript PT3 LVQ-WP Werkstoffprüfung GmbH;

Normen, Regelwerke, Verfahrensbeschreibungen, Prüfanweisungen, Protokollierung und Dokumentation

10

10.1 Normen, Regelwerke

Während Normen und Standards zumeist von nationalen oder internationalen Normenausschüssen erarbeitet werden und deshalb in den beteiligten Ländern verbindlichen Charakter besitzen, sind Regelwerke, wie z.B. HP 5/3 [10.1] und der ASME-Code [10.2] oder KTA 3201 [10.3] Vorschriften spezieller Anwendungen (Druckbehälter) oder Anwender (Kernkraftwerke). Grundsätzlich sind verfahrens- und objektbezogene Regelwerke zu unterscheiden. Verfahrensbezogene Regelwerke (Tabelle 10.1) beziehen sich auf die im Allgemeinen zu verwendende Prüftechnik eines bestimmten ZfP-Verfahrens und enthalten wie z.B. DIN EN ISO 3452-1 [10.4] Angaben

- zum Anwendungsbereich,
- zur Definition der Verfahrensvarianten,
- zur Angabe der Prüfempfindlichkeit,
- zur Durchführung von Eindringprüfungen,
- zur Prüfmittelkontrolle und,
- zur Dokumentation.

Die aufgeführten verfahrensbezogenen Regelwerke sind im Prinzip sehr ähnlich aufgebaut und unterscheiden sich nur in prüftechnischen Details, wie Eindring- und Entwicklungszeiten, Temperatur- und Inspektionsbedingungen.

Objektbezogene Regelwerke (Tabelle 10.2) treffen ausgehend von konstruktiven Vorgaben Aussagen über:

- zu verwendende Werkstoffe und zu erreichende Werkstoffkennwerte,
- zu verwendende Fertigungsverfahren und -techniken,
- Prüf- und Fertigungsfolge bzw. Umfang der Prüfung,

K. Schiebold, *Zerstörungsfreie Werkstoffprüfung – Eindringprüfung,*
DOI 10.1007/978-3-662-43809-1_10, © Springer-Verlag Berlin Heidelberg 2014

Tab. 10.1 Verfahrensbezogene Regelwerke Eindringprüfung

Bezeichnung	Inhalt
DIN EN 571-1	ZfP, Eindringverfahren, Allgemeine Grundlagen
DIN EN ISO 3452-1	ZfP, Eindringprüfung, Allgemeine Grundlagen
DIN EN ISO 3452-2	ZfP, Eindringprüfung; Prüfung von Prüfmitteln
DIN EN ISO 3452-3	ZfP, Eindringprüfung; Kontrollkörper
DIN EN ISO 3452-4	ZfP, Eindringprüfung; Geräte
DIN EN ISO 3452-5	ZfP, Eindringprüfung, Eindringprüfung bei Temperaturen >50°C
DIN EN ISO 3452-6	ZfP, Eindringprüfung bei Temperaturen unter 10°C
SEP 1936	Stahl-Eisen-Prüfblatt Eindringmittelprüfung
DIN EN ISO 3059	Eindring- und Magnetpulverprüfung, Betrachtungsbedingungen
ASTM E-165	Durchführungspraktik für die Eindringmittelprüfung
ASME-Code, Sect. V	Allgemeiner Druckbehälterbau
DIN EN 12062	Zerstörungsfreie Untersuchung von Schweißverbindungen

- Zulässigkeit der Befunde für die einzelnen ZfP-Verfahren und in diesem Zusammenhang einschränkende Vorgaben bzgl. der in dem speziellen Fall anzuwendenden Prüfverfahren und -techniken, auf denen die Befunde beruhen.

In den objektbezogenen Regelwerken wird oft auf die verfahrensbezogenen prüftechnischen Regelwerke Bezug genommen. Aber auch umgekehrt gibt es eine Bezugnahme in den verfahrenstechnischen Regelwerken auf eine objektbezogene Norm. KTA 3201.3 beschreibt sowohl die prüftechnische Verfahrensweise als auch die Beurteilungskriterien, während DIN EN ISO 5817 [10.5] Bewertungsmaßstäbe festlegt, die zwischen Hersteller und Besteller zu vereinbaren sind. Die Beurteilung eines ZfP-Befundes ist nur möglich, wenn Vorgaben hinsichtlich

- der Konstruktion; d.h. Beanspruchung des Bauteils im Betrieb,
- der Fertigung; d. h. der verwendeten Techniken und
- der Werkstofftechnik; d. h. der Anfälligkeit (Rissempfindlichkeit)

vorliegen. Die Festlegung dieser Kriterien kann nur durch Zusammenarbeit verschiedener Fachleute erfolgen. Sie kann auftragsbezogen in einem objektbezogenen Regelwerk niedergelegt sein. Ohne die Hilfe der entsprechenden Fachleute kann der Stufe 2-Prüfer daher keine Befunde beurteilen. Diese Hilfe kann in einer bauteilbezogenen Beratung erfolgen, aufgrund der ein Stufe 3-Prüfer eine solche Festlegung trifft (Prüfspezifikationserstellung). Sie kann aber auch dadurch erfolgen, dass der Stufe 3-Prüfer nach Bestellung die

Tab. 10.2 Objektbezogene Regelwerke

Bezeichnung	Inhalt
DIN EN 10228-2	Zerstörungsfreie Prüfung von Schmiedestücken aus Stahl-Eindringprüfung
DIN EN 30042	Lichtbogenschweißverbindungen an Aluminium und seinen schweißgeeigneten Legierungen; Richtlinie für die Bewertungsgruppen von Unregelmäßigkeiten
AD-Merkblatt HP 5/3	Zerstörungsfreie Prüfung der Schweißverbindungen an Druckbehältern
DIN EN 1289	Eindringprüfung von Schweißverbindungen-Zulässigkeitsgrenzen
KTA 3201.3	ZfP an kerntechnischen Anlagen
GW1	ZfP von Schweißverbindungen an Rohrleitungen
ASME-Code, Sect. III	Druckbehälter für kerntechnische Anlagen
ASME-Code, Sect. VIII	Allgemeiner Druckbehälterbau
BS 6443	Rissnachweis mit dem Eindringverfahren
MIL-STD-6866	Militärstandard für die Eindringmittelprüfung

Kriterien eines objektbezogenen Regelwerks für die Beurteilung des speziellen Bauteils vorgibt bzw. übernimmt.

Regelwerke, Normen oder Standards sind nicht auf einen bestimmten Auftrag bezogen. Sie stellen allgemeine Standards der Fertigungs- und Prüftechnik dar, die die Fachleute als Stand von Wissenschaft und Technik definiert haben. Kommt es zu einem Vertrag zwischen Besteller und Hersteller über die Fertigung eines Produkts, so werden in den Auftragsunterlagen bestimmte Qualitätsstandards festgeschrieben. Meist bezieht man sich dabei auf verschiedene Regelwerke. In vielen Fällen trifft man zusätzlich besondere Vereinbarungen. Bei der Qualitätsplanung eines Produktes fließt all dies in Vorgaben hinsichtlich Konstruktion, Fertigung und Werkstofftechnik eines Produktes ein. Diese Unterlagen stellen komponentenbezogene Spezifikationen dar.

Aus den Vorgaben der Spezifikation sind für die einzelnen Bauteile verschiedener Abmessungen Abnahmekriterien zu definieren. Diese Kriterien werden u. a. in ZfP-Prüfanweisungen zusammengefasst, in denen gemäß den Qualitätsvorgaben das Erreichen eines bestimmten Qualitätsstandards überprüft wird. Um diese Prüfung durchzuführen, sind exakte Festlegungen hinsichtlich Prüfumfang, -verfahren, -technik und Befundsbeurteilung notwendig (Abb. 10.1).

Abb. 10.1 Zur Unterscheidung Regelwerke-Spezifikation-Prüfanweisung [9.5]

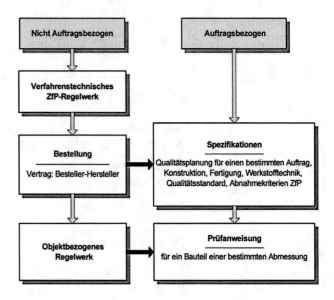

10.2   Verfahrensbeschreibungen

Zerstörungsfreie Werkstoffprüfungen werden im Sinne der Qualitätssicherung sowohl als technologische als auch als Abnahmeprüfungen durchgeführt. Technologische Prüfungen haben in erster Linie die Überwachung von Erzeugnisgruppen oder -linien zum Ziel. Die durch die Prüfungen zusammengetragenen Informationen werden statistisch aufbereitet in das Qualitätssicherungssystem eingebracht und helfen unmittelbar bei der Verbesserung der Qualität der Produkte. Beispielsweise können mit Hilfe der Ergebnisse von zerstörungsfreien Prüfungen an Guss- oder Schmiedestücken die spezifischen Wärmebehandlungstechnologien optimiert werden. Schon durch das Erkennen bestimmter Fehler in den Erzeugnissen können Maßahmen im eigenen Betrieb zur Abstellung dieser Fehler ergriffen und Reklamationen vermieden werden. Dagegen sind Abnahmeprüfungen direkt auf ein bestimmtes Werkstück bezogen und sollen den Nachweis für eine gute Qualität an diesem Werkstück erbringen.

Obwohl bei technologischen Prüfungen oft betriebliche Maßstäbe zur Vorbereitung, Durchführung und Auswertung der Prüfungen ausreichend sind, sollten die Prüfer generell nach diesbezüglichen schriftlichen Unterlagen tätig werden, weil die Prüfungen damit objektiver in ihrer Handhabung und unabhängiger vom Können des einzelnen Prüfers werden. Solche Arbeitsanweisungen sind in Form von Verfahrensbeschreibungen oder Prüfanweisungen für das jeweilige Prüfverfahren und Prüfsortiment (Industriesortiment) vorzugeben und zwar entweder vom Kunden oder von der Prüfaufsicht der eigenen Firma. Verfahrensbeschreibungen sind dabei übergeordnet zu betrachten. Sie beziehen sich zumeist auf ein Erzeugnis und ein bestimmtes Regelwerk. Bei der Oberflächenrissprüfung ist es üblich, Verfahrensbeschreibungen für einen bestimmten Verfahrensablauf, z.B. für wasserabwaschbare Farbeindringmittel oder in Abhängigkeit von einem bestimmten Gerätesystem, z.B. halbautomatisches Eindringmittelprüfsystem, vorzugeben. Verfahrensbeschreibungen sollten folgende Grobgliederung aufweisen:

1. Titel
2. Zweck und Geltungsbereich
3. Personalqualifikation
4. Zeitpunkt und Umfang der Prüfung
5. Anforderungen an die Prüftechnik
6. Prüfungsdurchführung
7. Bewertung von Anzeigen
8. Zulässigkeiten
9. Nachprüfungen und Reparaturmaßnahmen
10. Protokollierung und Dokumentation
11. Sicherheit und Umweltschutz
12. Bearbeitung

Die einzelnen Punkte sollten mit den notwendigsten Verfahrenshinweisen ausgefüllt werden und zwar so allgemein wie möglich, ohne die von den Regelwerken vorgegebenen Vorschriften außer Acht zu lassen. Nachstehend soll ein Beispiel für eine Verfahrensbeschreibung aufgezeigt werden. Eine Verfahrensbeschreibung muss genehmigt sein (Unterschrift der Stufe 3/Level III – Person), nachweislich mit dem Prüfer trainiert werden und dem Prüfer jederzeit zugänglich sein. Eine Verfahrensbeschreibung („written procedure") bedarf einer Revision

- bei jedem Wechsel des Prüfmittelsystems oder -typs,
- bei jeder Änderung der Vorreinigungstechnik,
- bei jeder Änderung des Fertigungsprozesses, die den Prüfflächenzustand verändert.
  Nachstehend ist die Vorlage für eine Verfahrensbeschreibung zusammengestellt.

Arbeitsschritt	Angaben zur Verfahrensbeschreibung
1. Titel	Eindringprüfung für ferritische und austenitische-Schweißverbindungen nach HP 5/3
2. Geltungsbereich	Diese Verfahrensbeschreibung gilt für die Eindringprüfung von ferritischen und austenitischen Schweißverbindungen an Druckbehältern, die nach AD-Merkblatt gefertigt und geliefert werden (eben und T-Stoß). Die Abnahme erfolgt nach HP 5/3.

3.	Mitgeltende Regelwerke, Normen	$\Rightarrow$ DIN EN ISO 9712 „Qualifizierung und Zertifizierung von Personal der zerstörungsfreien Prüfung", $\Rightarrow$ AD-Merkblatt HP 5/3 „Zerstörungsfreie Prüfung der Schweißverbindungen an Druckbehältern", $\Rightarrow$ DIN EN ISO 3059 „Zerstörungsfreie Prüfung - Eindringprüfung und Magnetpulverprüfung - Betrachtungsbedingungen. $\Rightarrow$ DIN EN 571-1 „Eindringprüfung – Allgemeine Grundlagen" $\Rightarrow$ DIN EN ISO 3452-1 „Zerstörungsfreie Prüfung; Eindringprüfung, Allgemeine Grundlagen", $\Rightarrow$ DIN EN ISO 3452-2 „Zerstörungsfreie Prüfung; Eindringprüfung, Prüfmittel" $\Rightarrow$ DIN EN ISO 3452-3 „Zerstörungsfreie Prüfung; Eindringprüfung, Kontrollkörper", $\Rightarrow$ DIN EN ISO 3452-4 „Zerstörungsfreie Prüfung; Eindringprüfung, Geräte", $\Rightarrow$ DIN EN ISO 3452-5 „Zerstörungsfreie Prüfung; Eindringprüfung, $T \geq 50°C$", $\Rightarrow$ DIN EN ISO 3452-6 „Zerstörungsfreie Prüfung; Eindringprüfung, $T \leq 10°C$",
4.	Anforderungen an das Prüfpersonal	Qualifikation und Zertifikat nach DIN EN ISO 9712 (2012) in Qualifikationsstufe 2
5.	Zeitpunkt und Umfangder Prüfung	Die Rund- und Längsnähte des Druckbehälters (Bild 6.3.1) sind vollständig innen und außen zu prüfen (der Werkstoff erfordert diesen Prüfumfang entsprechend HP 0 Tafel 1. Grundsätzlich muss die Eindringprüfung an den Oberflächen nach der letzten Wärmebehandlung oder Umformung im walzrauhen Zustand durchgeführt werden. Es muss jedoch gewährleistet sein, daß die Prüfflächen vollständig zugänglich sind.
6. 6.1	Anforderungen an die Prüftechnik, Prüffläche und Prüfmittel Prüftechnik	Die Geräte für tragbare Prüfausrüstungen müssen die Anforderungen der DIN EN ISO 3452-1, -2und -3 erfüllen. In Abhängigkeit vom durchgeführten Prüfvorgang dürfen folgende Prüfgeräte verwendet werden: • tragbare Sprühgeräte, • Weißlichtlampen, • UV(A)-Lampen. • fusselfreie Tücher, • Bürsten,

	• Personenschutzausrüstung,
	Die Funktionstüchtigkeit der ersten drei Prüfgeräte ist durch Kalibrierung nachzuweisen und bei erfolgreicher Kalibrierung durch einen Aufkleber zu dokumentieren. Der Prüfer hat die Gültigkeit dieser Angaben zu kontrollieren und nur funktiontüchtige Geräte einzusetzen. Vor Beginn der Prüfung ist eine Kontrolle des gesamten Prüfsystems mit Hilfe eines typischen Prüfgegenstandes mit künstlichen oder natürlichen Ungänzen bekannter Art, Position, Abmessungen und Größenverteilung zu empfehlen.
6.2 Prüffläche	Grundsätzlich ist zu untersuchen, ob die unbearbeitete walzrauhe Oberfläche prüfbar ist. Loser Zunder von der Wärmebehandlung muss vor der Prüfung beseitigt werden. Nur in Fällen, in denen Oberflächenunregelmäßigkeiten Anzeigen verdecken könnten, muß beschliffen oder eine mechanische Bearbeitung der Oberfläche durchgeführt werden. Für die mechanische Bearbeitung müssen geeignete Werkzeuge verwendet werden, damit Oberflächenöffnungen durch die Bearbeitung nicht verschlossen werden. In jedem Fall müssen alle Flächen vor der Prüfung mechanisch oder chemisch gereinigt und danach getrocknet werden, um störende Verunreinigungen durch Öl, Fett, Schmutz, Oxid- und Farbschichten zu vermeiden. Dies gilt auch für Oberflächenbeschichtungen, die Öffnungen der zu prüfenden Oberfläche verschließen könnten. Zur Prüffläche gehören das Schweißgut und die angrenzenden wärmebeeinflußten Zonen zu beiden Seiten der Schweißnaht in einer Breite von je 10 mm bei $d \leq 30$ mm, je 1/3 von d bei $d > 30$ u. ≤ 60 mm und je 20 mm bei Wanddicken $d > 60$ mm.
	Während der gesamten Untersuchung muss die Oberflächentemperatur des Prüfstücks in einem Bereich zwischen 10 - 50 Grad Celsius gehalten werden. Ist das nicht möglich, so muss die Oberfläche des Prüfteiles durch geeignete Maßnahmen in diesen Temperaturbereich gebracht werden, um eine ausreichende Prüfempfindlichkeit zu gewährleisten.
6.3 Prüfmittel	Prüfmittel müssen ein Zertifikat des Herstellers besitzen (Chargenzeugnis), das die Prüfmitteleigenschaften gemäß EN ISO 3452-2 beschreibt. Die Anzeigeempfindlichkeit der Prüfmittel muss mittels Kontrollkörper 2 nach DIN EN ISO 3452-3 nachgewiesen werden (mindestens 3 Anzeigen).
	Für den vorgegebenen Druckbehälter (Bild 6.3.1) können die Prüfmittelsysteme I C d oder II C d mit Empfindlichkeitsklasse 2 (mittel empfindlich) eingesetzt werden.

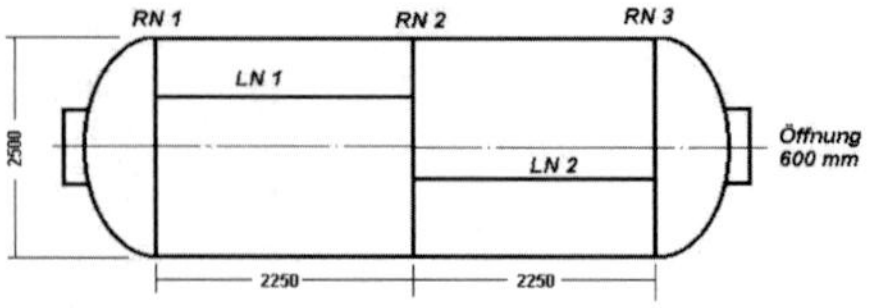

Bild 6.3.1 Prüfgegenstand Druckbehälter

Für die Prüfung dürfen nur Prüfmittelsysteme eines Herstellers verwendet werden, um eine optimale Prüfempfindlichkeit zu erzielen. Zum Prüfmittelsystem gehören der Reiniger, das Eindringmittel und der Entwickler.Der Prüfer hat vor Beginn der Prüfung folgende Angaben des Herstellerzertifikats zu überprüfen:

1. Die Übereinstimmung der Chargennummern im Chargenzeugnis und auf dem Prüfmittelbehälter (Aerosoldose, Gebinde oder Kanister).

2. Das Chargenzeugnis muss den Anforderungen der DIN EN ISO 3452-2 für den Verwendungszweck entsprechen. Dies gilt insbesondere für den Gehalt an Schwefel, Chlor und Fluor im Prüfmittelsystem.

3. Für das Prüfmittelsystem müssen Sicherheitsdatenblätter des Herstellers vorliegen, die vom Prüfer exakt zu beachten sind.

7. Durchführung der Prüfung 7.1 Vorreinigung	Nach der Vorreinigung und vor dem Aufbringen des Eindringmittels müssen mindestens 2 Minuten vergangen sein, um ein Verdampfen des Reinigers aus den Ungänzen sicherzustellen und eine optimale Temperatur zu gewährleisten. Diese Zeit wird von dem Augenblick an gerechnet, in welchem die Prüffläche für das Auge erkennbar trocken ist.
7.2 Eindringvorgang	Die folgenden Mindestzeiten für den Eindringvorgang müssen eingehalten werden (Tabelle 7.2.1): {{TABLE}} Das Eindringmittel darf durch Pinseln oder Sprühen aufgebracht werden.
7.3 Zwischenreinigung	Die Beseitigung von überschüssigem Eindringmittel erfolgt mit einem Lösemittel. Die Oberfläche muss dabei mit einem trockenen, nicht fusselnden und sauberen Tuch vorsichtig so abgewischt werden, dass die Eindringmittelreste anschließend mit einem lösemittelbefeuchteten Tuch entfernt werden können. Ein direktes

Tabelle 7.2.1:

Prüfobjekt / Produktform	Eindringzeit (min)
Ferritische Schweißnähte	10
Austenitische Schweißnähte	60

	Aufsprühen von Lösemittel ist nicht gestattet! Die Betrachtung des Prüfgegenstandes muss bei min. 3 W/m^2 Bestrahlungsstärke bzw. bei max. 150 lx Fremdlicht durchgeführt werden.
7.4 Trocknung	Bevor der Entwickler aufgebracht wird, muss die Oberfläche durch normale Verdunstung bei Umgebungstemperatur, durch erhöhte Temperatur, durch einen Luftstrom, durch Abwischen mit einem sauberen, trockenen, nichtfasernden Tuch oder durch eine Kombination der aufgeführten Verfahren getrocknet werden.
7.5 Entwicklungsvorgang	Die folgenden Mindestzeiten für den Entwicklungsvorgang müssen eingehalten werden (Tabelle 7.5.1):

Prüfobjekt / Produktform	Entwicklungszeit (min)
Ferritische Schweißnähte	10
Austenitische Schweißnähte	60

Tabelle 7.5.1   Mindestzeiten für den Entwicklungsvorgang

Die angegebene Mindestentwicklungszeit ist die Zeitdauer, nach deren Ablauf unmittelbar die Auswertung beginnt.

7.5 Entwicklungsvorgang	Nassentwickler auf Lösemittelbasis müssen durch Sprühen aufgebracht werden; es sei denn Sicherheitsanforderungen oder mangelnde Zugänglichkeit machen dies unmöglich. In diesen Fällen darf der Entwickler auch mit einem weichen Pinsel o.ä. aufgebracht werden.
	Der Entwickler muss gleichmäßig und darf nur so dick aufgetragen werden, daß die Prüffläche gerade noch durchschimmert. Zu geringe Entwicklerschichtdicke entfaltet eine zu geringe Saugwirkung und zu große Schichtdicke kann kleinere Anzeigen überdecken. Blasse Anzeigen deuten auf eine zu intensive Zwischenreinigung und ein farbiger Untergrund auf eine nur ungenügende Zwischenreinigung hin. Treten derartige Effekte auf, muss die Prüfung wiederholt werden.
7.6 Auswertung	Mit der Auswertung (Inspektion) darf unmittelbar nach dem Antrocknen des Entwicklers begonnen werden. Eine abschließende Beurteilung darf frühestens nach Ablauf der Entwicklungszeit erfolgen. Nichtfluoreszierende Prüfmittel sind auf der zu prüfenden Oberfläche unter mindestens 500 lx Beleuchtungsstärke zu betrachten. Fluoreszierende Prüfmittel erfordern eine Be-

	strahlungsstärke von mindestens 10 W/m^2. Der Fremdlichteinfluß darf 20 lx nicht überschreiten. Der Prüfabschnitt darf nur so groß gewählt werden, daß er in einem Auswertungsgang, d.h. während des Zeitraumes für die Auswertung der Anzeigen, übersehen werden kann. Hilfsmittel, wie Vergrößerungsgeräte oder kontrastverbessernde Brillen dürfen verwendet werden.
7.7 Nachreinigung	Nach der Auswertung sind die Prüfmittel von den Prüfflächen zu beseitigen. Je nach Erfordernis für die Produktform ist anschließend noch eine Konservierung als Korrosionsschutz aufzubringen.
7.8 Prüfablauf	Die Eindringprüfung kann in folgenden Varianten gewählt werden: 1. Die inneren und äußeren Oberflächen des Druckbehälters werden entweder mit fluoreszierenden Eindringmitteln oder mit Farbeindringmitteln geprüft. Der Zwischenreiniger ist Lösemittel und der Entwickler Naßentwickler auf Lösemittelbasis. 2. Die innere Oberfläche des Druckbehälters wird mit fluoreszierendem Eindringmittel und die äußere Oberfläche mit Farbeindringmittel geprüft. Der Zwischenreiniger ist jeweils Lösemittel und der Entwickler Naßentwickler auf Lösemittelbasis.
8. Anzeigenbewertung	Es ist zwischen relevanten Anzeigen und Scheinanzeigen zu unterscheiden. Eine Befundbeurteilung ist getrennt nach länglichen und rundlichen Anzeigen vorzunehmen. Längliche Anzeigen besitzen eine Länge, die größer oder gleich ihrer dreifachen Breite ist, bei rundlichen Anzeigen ist die Länge kleiner als ihre dreifache Breite.
9. Zulässigkeitsgrenzen	Die Bewertung und Zulässigkeit von Anzeigen erfolgt nach HP 5/3. Danach sind lineare Anzeigen, die auf Werkstofftrennungen zurückzuführen sind, unzulässig. Oberflächenporen sind vereinzelt zulässig. Mehr als 3 nichtlineare Anzeigen mit Abmessungen > 3 mm auf 1 m Nahtlänge sind jedoch unzulässig.
10. Maßnahmen bei Abweichungen	Eine Nachbesserung von fehlerhaften Bereichen mittels Schleifen ist zulässig, sofern unbearbeitete Oberflächen vorliegen und das Aufmaß es zuläßt. Es ist zu Schleifen, bis bei der anschließenden Eindringprüfung keine Anzeigen mehr auftreten. Ist aufgrund der Tiefe der Ausbesserungsstelle eine Auftragsschweißung erforderlich, muß die Nahtoberfläche anschließend wieder einer Eindringprüfung unterzogen werden.

11. Protokollierung, Dokumentation	Die Dokumentation erfolgt auf dem Prüfbericht. Anzeigen sind aufzunehmen, wenn sie alsrelevant eingestuft werden. Relevante Einzelanzeigen sind bezüglich ihrer Lage und Größe in einer Prüfobjektskizze zu erfassen. Bei Gruppenanzeigen ist die Lage des Anzeigefeldes zu dokumentieren.
12. Freigabe des Dokumentes	Titel, Vorname, Name: Ort: Datum: Freigabe erteilt: Ja ☐ Nein ☐ Unterschrift:
13. Anlagen	Auszüge der Grenzwerte für Unregelmäßigkeiten nach DIN EN ISO 5817

10.3   Prüfanweisungen, Spezifikationen

Prüfanweisungen werden als konkrete, auf ein bestimmtes Werkstück oder Erzeugnis bezogene Arbeitsanweisung von der jeweiligen Verfahrensbeschreibung oder von Normen bzw. dem Regelwerk abgeleitet. Sie sind vom Stufe 2/Level II-Prüfer aufzustellen und von der Prüfaufsicht (Stufe 3/Level III) zu bestätigen. Mit dem unterschriebenen Dokument wird der Stufe 1/Level I-Prüfer in die Lage versetzt, ohne eigene Entscheidungen zur Auswahl der Prüftechnik, zur Festlegung des Prüfumfanges und vor allem zur Entscheidungsfindung über die Verwendbarkeit des Erzeugnisses, die Prüfung reproduzierbar durchzuführen und die Ergebnisse in vorgegebenen Prüfberichten zu protokollieren.

Eine Prüfanweisung soll den Teilnehmer an einer Ausbildungsmaßnahme befähigen, definierte Prüfungsfragen durch gründliches Durcharbeiten zu beantworten. In der Übung derartiger Testunterlagen wird auch eine gewisse Prüfungsvorbereitung gewährleistet und der Teilnehmer in die Lage versetzt, selbst solche Prüfanweisungen zu erarbeiten. Deshalb ist nachstehend eine Vorlage zur Erstellung von Prüfanweisungen für die Eindringprüfung vorgegeben. Eine Prüfanweisung sollte eine ähnliche Gliederung wie eine Verfahrensbeschreibung aufweisen und folgende konkreten Arbeitsschritte enthalten:

1. Zweck und Geltungsbereich
   Festlegung des Prüfverfahrens (z.B. Farbeindringverfahren), der Prüfstücke mit Angaben zum Objekt, (z.B. Kunde, Kommissionsnummer, Gegenstand (z. B. Ventilgehäu-

se), Stückzahl, Modell-Nr., Zeichnungsnummer, Abmessungen, Kundennummer, Werkstoff).

2. Mitgeltende Vorschriften

Angabe der Regelwerke oder der Normen, die für die Prüfung des Prüfstückes zutreffend sind. Es sind sowohl verfahrenstechnische als auch objektbezogene Regelwerke zu berücksichtigen.

3. Anforderungen an das Prüfpersonal

Es ist anzugeben, wie das Prüfpersonal qualifiziert und zertifiziert sein muss, das Eindringprüfungen nach der vorliegenden Prüfanweisung durchführen darf (z.B. nach SNT-TC-1A oder nach DIN EN ISO 9712).

4. Zeitpunkt und Umfang der Prüfung

Der Prüfzeitpunkt ergibt sich aus dem Fertigungsablauf und den daran orientierten Qualitätsanforderungen. Beim Prüfumfang ist der prozentuale Anteil der zu prüfenden Fläche am Prüfstück zu vergleichen mit dem gesamten Bauteil. Ferner sind die zu prüfenden Bereiche exakt zu definieren, z.B. die Schweißnaht, der an die Nahtoberfläche angrenzender Bereich (WEZ) und Bereiche des Grundmaterials. Der Prüfumfang muss für jede Prüfung im gesamten Fertigungsprozess beschrieben werden, z.B. Vormaterial nach dem Schmieden auf Hüttenflur oder Gussstücke nach dem Kiesstrahlen und der mechanischen Bearbeitung oder Schweißverbindungen nach der letzten Wärmebehandlung.

5. Anforderungen an das Prüfsystem

Hierbei ist auf jeden Fall anzugeben, wie die zu prüfenden Flächen vorbereitet werden müssen und welche Reinigungsmethoden angewandt werden dürfen. Beispielsweise sind Schmutz, Staub und Fett sowie Oxidschichten, Schweißspritzer, Schlacke, Flussmittel oder gegebenenfalls auch Farbüberzüge zu entfernen, bevor die Prüfung beginnen kann. Bezüglich der Prüfmittel sollte auf ein System (Eindringmittel, Reiniger und Entwickler) von einem Hersteller orientiert werden, um eine optimale Empfindlichkeit zu erzielen. Die Prüfmittel sind mit einem Chargenzeugnis des Herstellers zu belegen. Prüfsystemkontrollen auf Prüfmittelzusammensetzung und Verunreinigungsgrad hinsichtlich bestimmter Bestandteile, wie Fluor, Chlor oder Schwefel, sind ebenso nachzuweisen, wie die Anforderungen an die Prüftemperatur. Als Verfahrenskontrollen können Vergleichs- oder Referenzmuster aus der Fertigung verwendet werden, aber auch Kontrollkörper. Schließlich müssen die Inspektionsbedingungen vorgegeben und eingehalten werden. So sind neben den Angaben für die Beleuchtungs- und Bestrahlungsstärke auch Hinweise zur Kalibrierung von UV-Lampen und UV-Messgeräten von Nutzen.

6. Durchführung der Prüfung

Das ausgewählte Eindringprüfverfahren ist entsprechend dem vorgegebenen Regelwerk zu benennen und in einem schematischen Verfahrensablauf zu skizzieren. Weitere Angaben sind erforderlich zu den einzelnen Verfahrensschritten, z.B. zur Eindring- und Entwicklungszeit, zur Zwischenreinigungsmethode oder zu den Inspektionsbedingungen.

7. Auswertung von Anzeigen

Die relevanten, erheblichen oder protokollpflichtigen Anzeigen sind bezüglich ihrer Abmessungen und ihres Types (länglich, linear, lamellar oder rundlich) zu beschreiben.

8. Zulässigkeiten

Unterschiedliche Zulässigkeiten für verschiedene Fertigungsabschnitte, wie z.B. für Vormaterial, Schweißphasen oder fertige Schweißverbindungen, sind in Abhängigkeit von den Abmessungen des Prüfstückes für die auszuwertenden Ungänzentypen festzulegen. Dazu sind u.U. Vergleichsmusterkataloge zu verwenden.

9. Reparaturmaßnahmen

Unzulässige Anzeigen bzw. die Bereiche am Prüfstück, die durch Ausschleifen und/oder Reparaturschweißen beseitigt werden dürfen, sind zu kennzeichnen und zu protokollieren und nach dem Reparieren nochmals einer Eindringprüfung zu unterziehen. Dies kann sowohl für Prüfungen am Vormaterial, als auch am fertigen Produkt angeordnet werden.

10. Dokumentation

Die Dokumentation umfasst sowohl die Protokollierung registrierpflichtiger Anzeigen vor und nach der Reparatur, als auch erforderlichenfalls die Fixierung solcher Anzeigen am Werkstück selbst. Ein geeignetes Prüfprotokoll muss Angaben zum Prüfobjekt, zur Prüftechnik und zum Prüfergebnis enthalten. Evtl. sind auch eine Skizze und eine Reparaturanweisung zu erstellen. Zum besseren Verständnis der Vorgehensweise zur Erstellung von Prüfanweisungen soll die nachstehende Vorlage dienen, die im Zusammenhang mit den gültigen Prüfanweisungen der Unabhängigen Zertifizierungsstelle verwendet werden soll.

Eindringprüfung Prüfanweisung PA-c-1 PT2		LVQ - WP Werkstoffprüfung GmbH

Prüfaufgabe	Prüfmittel
Normen / Regelwerke:	Art der Vorreinigung:
DIN EN 1371-1, DIN EN ISO 3452, DIN EN ISO 3059	Kiesstrahlen
Personalqualifikation:	Durchführung der Vorreinigung:
Stufe 1 nach DIN EN ISO 9712	Strahlbehandlung so schonend wie möglich
Erzeugnisform:	Trocknung nach der Vorreinigung:
Gussstück	entfällt
Werkstoff:	Eindringmitteltyp (Kurzzeichen): I A d oder I D d
GS 50	Hersteller: Deutsch Bezeichnung:
Wärmebehandlung:	Aufbringmethode:
Normalisiert	Pinseln, Tauchen oder Sprühen
Prüfgegenstand:	Eindringdauer:
Teller	10 min
Hauptabmessungen:	Zwischenreinigertyp:
Ø 176 x 15 mm	Wasser oder hydrophiler Emulgator
Oberflächenzustand:	Aufbringmethode: Sprühen
gestrahlt	Trocknung nach der Zwischenreinigung: Föhn
Prüfumfang:	Emulgatortyp:
100%	Hydrophiler Emulgator
Prüfabschnitt:	Emulgierdauer: 3 min
Gesamte Oberfläche ohne Standfläche	☐ Nachwaschen: ☒ Trocknung:
Prüfzeitpunkt:	Entwicklertyp:
Nach der Wärmebehandlung	Nassentwickler auf Lösemittelbasis
Schweißverfahren:	Aufbringmethode: Sprühen
entfällt	Entwicklungsdauer: 10 min
Nahtform:	Inspektionszeitpunkt:
entfällt	☒ Nach Abtrocknen des Entwicklers ☐ Nach Entwicklung
Korrosionsschutz:	Art der Nachreinigung:
entfällt	Trocknen

Kontrollen zur Prüfung	Beurteilung des Prüfbefundes
Betrachtungsbedingungen:	Registriergrenze nichtlinearer Anzeigen:
☒ fluoreszierend 10 W / m ☐ farbig lx	R ≥ 2 mm
Prüfmittelkontrolle:	Registriergrenze linearer Anzeigen:
Kontrollkörper-Nr. nach DIN EN ISO 3452-3: 1 und 2	R ≥ 2 mm
Anzahl der Anzeigen am Kontrollkörper: 4	Registriergrenze von Anzeigen in Reihe:
	R ≥ 2 mm
Temperaturkontrolle:	Zulässigkeitsgrenze nichtlinearer Anzeigen auf DIN A6 Fläche: Maximal 8 Anzeigen
10°C bis 50°C ja ☒ nein ☐	☒ Einzeln: SP ≤ 6 mm ☒ Gehäuft: CP ≤ 16 mm
	Zulässigkeitsgrenze linearer Anzeigen auf DIN A6 Fläche:
Wiederholung der Prüfung notwendig: ja ☐ nein ☐	☒ Einzeln: LP ≤ 4 mm ☒ Gehäuft: LP ≤ 6 mm
Begründung:	Zulässigkeitsgrenze von Anzeigen in Reihe auf DIN A6 Fläche:
	☐ Einzeln: unzulässig ☐ Gehäuft: unzulässig

Eindringprüfung
Prüfanweisung PA-c-1 PT2

LVQ - WP
Werkstoffprüfung GmbH

Prüfdokumentation

Reflektor-Nr.	Entfernung von der Bezugsachse Q (mm)	Abstand A vom Tellerrand (mm)	Anzeigenart und Abmessung				Zulässigkeit	
			länglich (mm)	rundlich (mm)	Aufreihung (mm)	Anhäufung (mm)	e	ne
1	0 - 100°	80	35	-	-	-	-	x

Skizze des Prüfgegenstandes: mit Anzeigenbeispiel

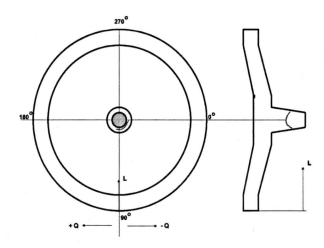

10.4   Protokollierung

10.4.1   Erläuterung protokollpflichtiger Angaben

Im Normalfall übergibt der Besteller dem Hersteller des Produktes eine Abnahmebedingung vor Beginn zerstörungsfreier Prüfungen. Dies kann eine Norm oder im speziellen Fall eine Prüfanweisung des Kunden sein. Dadurch sind die Abnahmebedingungen klar formuliert und die Dokumentation festgelegt.

In seltenen Fällen verlangt der Besteller des Produktes von der prüfenden Firma über den Befund und die Entscheidungsfindung hinaus ein Abnahmezeugnis nach DIN EN 10204 [10.6]. Hier ist für die prüfende Firma Vorsicht geboten, da sie im Grunde genommen nur den Prüfbefund dokumentieren kann. Eine derartige Prüfbescheinigung unterstellt aber die Bestätigung der Qualität aller Fertigungsprozesse des Produktes, worüber ein Dienstleister jedoch keinesfalls Garantien übernehmen kann. Deshalb sollte sich die Prüffirma bei solchen Anforderungen mit dem Auftraggeber darüber abstimmen, dass zwar ein Attest nach DIN EN 10204 ausgestellt wird, jedoch nur für die Prüfergebnisse unterschrieben wird, d.h., dass auf jedem Fall eine zweite Unterschrift des zuständigen Leiters der Qualitätsstelle des Herstellers oder eines unabhängigen Sachverständigen auf dem Attest erscheint. Auftraggeber und Dienstleister bzw. prüfende Firma sollten jedoch auf jeden Fall ein Protokoll über die Prüfungen und Festlegungen zur Zulässigkeit von Anzeigen, gegebenenfalls auch zur Reparaturfähigkeit festlegen.

10.4.2   Prüfprotokolle

Die Protokolle der prüfenden Firma werden sich im Allgemeinen in der Form unterscheiden, weil ein Protokollvordruck niemals sämtliche in der Prüfpraxis vorkommende Prüfaufgaben erfassen kann und von Firma zu Firma immer subjektiv unterschiedliche Formatierungen verwendet werden. Deshalb wird jede Firma prinzipiell, auch aus Werbegründen, ein eigenes Protokoll entwickeln. Grundsätzlich muss ein Protokoll folgende Angaben enthalten:

- Angaben zum Prüfobjekt
  Auftraggeber, Prüfgegenstand, Auftragsnummer, Chargennummer, Prüfnummer, Zeichnungsnummer, Werkstoff, Wärmebehandlung, Oberflächenzustand, Norm oder Regelwerk, Prüfanweisung, Prüfumfang, Prüfklasse, Abmessungen.
- Die Prüfaufgabe
- Angaben zur Prüftechnik
  Prüfmittelbezeichnung, Kontrollkörper, Inspektionsbedingungen, Prüftemperatur, Eindring- und Entwicklungszeit.

- Angaben zum Prüfergebnis
  Die Prüfergebnisse mit Skizze der fehlerhaften Abschnitte im Koordinatensystem. In den Skizzen sind oft Abwicklungen von Behältern oder rotationssymmetrischen Prüfteilen anzugeben. Ungänzentypen, -häufigkeiten und -abmessungen sowie die Zulässigkeiten.
- Prüfort, Prüfdatum und Unterschriften des Prüfers und der Prüfaufsicht.

10.4.3 Beurteilung und Entscheidungsfindung

Für Prüfungen im technologischen Fertigungsablauf sollten nach Möglichkeit in Prüfanweisungen Zulässigkeiten vereinbart oder festgelegt werden, schon allein deshalb, weil die weitere Bearbeitungsmöglichkeit des Bauteils geklärt werden muss. Neben den überwiegenden Fällen der eindeutigen Vorgabe solcher Zulässigkeiten gibt es jedoch auch Freiräume für den Prüfer, insbesondere wenn der Auftraggeber mit den aufgetretenen Befunden nicht vertraut ist bzw. sich außerstande sieht, sie richtig zu beurteilen. In solchen Fällen kann man sich geeignete Normen und Regelwerke als Vergleichsbasis heranziehen, um zu einer vernünftigen Entscheidung zu gelangen. Auch Gutachten können hierbei zur Funktionsfähigkeit von Maschinen und Anlagen und zur Sicherheit von Menschen beitragen.

Für die Entscheidungsfindung über die Verwendbarkeit von Bauteilen mit Anzeigen der Eindringprüfung sind letztlich besonders die Betriebsbelastung, der Einsatzzweck des Produktes und die Art, Größe und Häufigkeit der Anzeigen maßgebend. Bauteile, die dynamische Belastungen mit hohen Wechselbeanspruchungen ausgesetzt sind, können eher zum Versagen führen als Bauteile mit geringen statischen Belastungsfällen. Auftragsschweißungen sind wahrscheinlich im gleichen Sinne weniger kritisch zu beurteilen, als Verbindungsschweißungen. Kurbelwellen für Schiffsdieselmaschinen werden gleichfalls mit Sicherheit strenger zu beurteilen sein als Kurbelwellen für Landaggregate. Schließlich wird ein Riss eher zum Bauteilversagen führen, als ein nichtmetallischer Einschluss. Deshalb sind Rissanzeigen in den Regelwerken meistens von der weiteren Verwendbarkeit ausgeschlossen.

10.5 Dokumentation

Die Dokumentation einer Eindringprüfung steht im engen Zusammenhang mit dem Auftrag, der alle Vereinbarungen zwischen Hersteller und Besteller eines Erzeugnisses enthält. Es gibt Verträge, in denen überhaupt keine Forderungen zur ZfP enthalten sind. In diesen Fällen entscheidet der Hersteller des Produktes allein über technologische Prüfungen und ihre Protokollierung. In den meisten Fällen wird hierbei dem Kunden kein Protokoll übergeben.

Andere Verträge enthalten eine Vereinbarung über die Eindringprüfung ohne Festlegung von Zulässigkeitskriterien. Der Hersteller oder Dienstleister wird dem Auftraggeber ein Protokoll übergeben. Während der Hersteller eine Beurteilung im Protokoll nach eigener Prüfanweisung abgibt, wird der Dienstleister überwiegend nur den Befund dokumentieren. In der Regel werden bei Großaufträgen diesbezüglich nur die Anzahl der geprüften und die Anzahl der mit Rissen aussortierten Teile dokumentiert. Letztere werden in gesonderten Behältern aufbewahrt und entsprechend gekennzeichnet.

10.5.1   Visuelle Auswertung

Die visuelle Betrachtung der zu prüfenden Stücke ist die einfachste und gebräuchlichste Form der Auswertung von Anzeigen der Oberflächenrissprüfung. Eine wichtige Voraussetzung dafür ist deshalb der Nachweis eines ausreichenden Sehtestes durch den Prüfer. Dennoch kann ein erfolgreich bestandener Sehtest nicht ausreichend sein, um alle Anzeigen zu registrieren, besonders wenn eine hohe Stückzahl geprüft werden muss. Nach den Gesetzen der Statistik muss ein Los von Prüfteilen siebenmal geprüft werden, um eine Sicherheit der Feststellung fehlerhafter Teile zu 100% zu gewährleisten. Daran erkennt man, dass außer der guten Nah- und Farbsehfähigkeit auch solche Eigenschaften wie Zuverlässigkeit, Aufmerksamkeit und Konzentrationsfähigkeit („Human Factor") gehören, um die Fehlerquote beim Aussortieren von gut und schlecht und die Reklamationen so gering wie möglich zu halten. Weiterhin muss der bewertende Prüfer die Fähigkeit besitzen, das Nachlassen seiner Aufmerksamkeit und Konzentrationsfähigkeit zu erkennen und seinen Arbeitsrhytmus danach einzustellen [10.7]. Es stellt sich die Frage, wie lange ein Prüfer die Prüfung von Massenteilen ohne Nachlassen seiner Aufmerksamkeit durchführen kann und ohne zwischenzeitlich gute Teile in die „Schlechtteile" einzusortieren. Um das zu vermeiden werden in unterschiedlicher Art folgende Maßnahmen ergriffen:

- Ausreichende Pausenzeiten für die Prüfer.
- Bei absoluter Übermüdung oder fehlender Konzentration sollten zwischenzeitlich Pausen möglich sein.
- Mindestens zwei Prüfer für die Untersuchung, einer zum Arbeiten an der Prüfbank und einer zum Bewerten in der verdunkelten Kabine bei fluoreszierender UV-Lichtbestrahlung.
- Zur Organisation des Betrachtungsvorganges gehören jedoch auch die Zulieferung der Teile zur Prüfbank und die Übergabe der Teile zur Dunkelkabine, wenn man von der Anlieferung der Teile durch den Hersteller oder seinen Beauftragten absieht.
- Die Prüfer sollten ein Zertifikat nach DIN EN ISO 9712 in Stufe 1 oder 2 besitzen, um dem Auftraggeber nachweisen zu können, dass sein Produkt von zertifizierten Prüfern untersucht wird.
- Wenn eine höhere Qualifikation erforderlich ist, so muss der Bewerter sie besitzen, z.B. Stufe 2.

- Sind beide Prüfer gleichermaßen gut qualifiziert, so sollte während der Arbeitszeit ein Austausch der Arbeitsplätze organisiert sein. Das trifft insbesondere bei Akkordarbeit zu.
- Eine ergonomische Ausgestaltung der Arbeitsplätze unter Mitwirkung der Inte-grationsabteilungen der Berufsgenossenschaft (Stühle, Tische, Förderbänder u.a.m.).
- Wichtig ist in diesem Zusammenhang auch die Verwendung der richtigen UV-Leuchten in Bezug auf den Anzeigenkontrast.
- Maßnahmen zur Motivation des Prüfpersonals, wie z.B. Prämienzahlungen, um klarzumachen, dass die Prüfer eine hohe Verantwortung für die Qualität und Produktivität trägt.
- Nicht zuletzt sollten Umweltbedingungen, wie Lärm, Schmutz, Zugluft, Hitze u.a.m. vermieden werden. Sie können die Leistungsfähigkeit der Prüfer erheblich vermindern.
- Sicherstellung einer mit dem Auftraggeber abgestimmten Kennzeichnung und Sortierung der Teile, damit ungeprüfte und geprüfte Teile nicht verwechselt werden.

Im Gegensatz zur Magnetpulverprüfung kann es bei der Eindringprüfung kaum zu Scheinfehleranzeigen kommen, da die Prüfung zur Oberfläche des Werkstücks offene Fehler voraussetzt und nicht apparativ bedingte Einflussfaktoren gegeben sind. Deswegen wird bei der Eindringprüfung auch nicht vom sog. Pseudoausschuss gesprochen, obwohl die Aussage: „Ein Fehler ist vorhanden, wird aber nicht angezeigt" [10.7] auch auf dieses Prüfverfahren zutreffen kann.

Unabhängig von diesen Voraussetzungen gibt selbstverständlich eine gute Ausbildung der Prüfer weitere Gewähr zur Vermeidung von Schadensfällen. Auch die Einführung von FMEA-Regelkartensystemen kann bei sehr hohen Stückzahlen und Prüfungen über lange Zeitetappen hinweg zu klareren Einschätzungen der Erfolgsquote von Eindringprüfungen führen.

Die aufgezeigten Probleme bei der Erkennung von Anzeigen durch den Prüfer sind subjektiv und letztlich nur durch eine vollständige Automatisierung der Prüfung zu lösen. Das gilt natürlich in erster Linie für die massenhafte Prüfung von Werkstücken. Deshalb ist die Entscheidung für das Prüfsystem auch abhängig von der Stückzahl der Teile, von ihrem Wert und darum eine Überlegung zur Wirtschaftlichkeit. In dieser Hinsicht stehen sich jedoch Produktion, Termin und Qualität im Wege, wenn sie nicht ausgewogen aufeinander abgestimmt werden. Werden jedoch Fehler nach dem Prüfen festgestellt, so kommt es häufig zu Reklamationen vom Auftraggeber gegenüber dem ZfP-Dienstleister.

Fehler einer Prüffirma können als Pflichtverletzungen gegenüber dem Vertrag ausgelegt werden als [10.7]

- ein nicht festgestellter Fehler im Produkt,
- ein festgestellter Fehler im Produkt, der keiner ist,
- unzutreffende Prüfergebnisse mit weit abweichenden Messunsicherheiten.

Solche Fehler können beim Auftraggeber einen Schaden verursachen, weil am fehlerhaften Produkt Nacharbeiten zur Beseitigung des Fehlers ausgeführt werden müssen, weil durch einen solchen Fehler am Produkt Folgeschäden (Sach- oder Personenschäden) entstehen können, oder weil ein gutes Produkt unbegründet nachgebessert oder verschrottet wird.

Eine wichtige Frage zur Einschätzung der Schuldfrage vor Gericht ist, ob bei der Herstellung des fehlerhaften Produktes grobe Fahrlässigkeit oder Vorsätzlichkeit z.B. zur Täuschung des Kunden, vorgelegen hat. Das kann einem nach DIN EN ISO 17025 akkreditierten Prüflabor nicht vorgeworfen werden, weil es dann nachgewiesener Weise über qualifizierte Prüfer und ein kalibriertes Labor verfügt.

Verschulden ist der Oberbegriff für Vorsatz oder Fahrlässigkeit [10.8]. Danach bedeutet Vorsatz bewusstes und gewolltes Handeln oder billigendes Inkaufnehmen eines Schadens. Eine Prüffirma, die bewusst ein dejustiertes und damit unbrauchbares Prüfgerät einsetzt, prüft vorsätzlich falsch. Fahrlässigkeit ist nachlässiges, unsorgfältiges Verhalten. Dem entspricht eine Prüffirma, die ihre Prüfer nicht in die Bedienung seiner Geräte einweist oder diese nicht regelmäßig kalibriert bzw. überwacht oder instand hält. Der Grad der Fahrlässigkeit ist für die Haftungsfrage unerheblich.

Falls der Verdacht besteht, dass der Auftragnehmer Fehler beim Prüfen begangen hat, versucht der Auftraggeber die Gewährleistungshaftung zu nutzen. Darunter versteht man, dass der Auftraggeber das Recht besitzt, den Auftragnehmer innerhalb einer angemessenen Frist zur kostenlosen Beseitigung der festgestellten Fehler durch Nachbesserung zu verpflichten, d.h. die Prüfung zu wiederholen. Eine angemessene Frist ist eine knappe Frist, weil der Auftraggeber davon ausgehen kann, dass die Prüffirma ausreichend Zeit hatte, die Prüfdienstleistung zu erbringen bzw. der Auftraggeber Termine für die Auslieferung der Produktion einhalten muss. Die Nachbesserung ist oft jedoch nicht mehr möglich, weil die Fehlerbeseitigung objektiv nicht mehr möglich ist oder die Prüffirma eine Nachbesserung ablehnt. Der Auftraggeber kann den Fehler jedoch auch selbst beseitigen oder beseitigen lassen und vom Auftragnehmer entsprechende Aufwendungen verlangen, wenn dieser die Nachbesserungen nicht in der vorgegebenen Frist erfüllt.

Folgende Gewährleistungsansprüche können vom Auftraggeber geltend gemacht werden [10.9]:

- Wandelung durch Rücktausch der beiderseitigen Leistungen,
- Minderung durch Herabsetzung der vereinbarten Vergütung um den Wert des Fehlers,
- Schadensersatz wegen Nichterfüllung des Vertrages bei Verschulden der Prüffirma,
- Wahlrecht des Auftraggebers hinsichtlich des Gewährleistungsanspruches.

Während die Gewährleistungshaftung sich auf die Fehlerhaftigkeit des geprüften Produktes bezieht, entstehen Folgeschäden, wenn die Prüfung ursächlich für einen Schaden an den Produkten des Auftraggebers verantwortlich ist [10.10]. Beispielsweise kann das Übersehen eines groben Fehlers an einem Bauteil durch die Prüffirma zur vollständigen Zerstörung des Bauteiles und eventuell auch zu Personenschäden führen. Man kann in diesem Fall von Produkthaftung sprechen, die dem Auftragnehmer nur angelastet werden kann, wenn ihm Verschulden nachgewiesen wird.

In solchen Fällen wird § 823 BGB angewendet, so dass ein Ersatz des fehlerhaften Produktes anhängig wird [10.11]. Eine Schadensersatzpflicht setzt jedoch weiterhin voraus, dass sich der Prüfer rechtswidrig verhalten hat, d.h. gegen eine ihm obliegende Pflicht verstoßen hat. Man geht davon aus, dass die Prüffirma alles tut, um zu vermeiden, dass andere durch sein Verhalten geschädigt werden. Es wird dabei unterstellt, dass die Prüffirma solchen Anforderungen nur gerecht werden kann, wenn sie akkreditiert ist und damit gewährleistet, dass

- seine Mitarbeiter gemäß Vertrag qualifiziert und zertifiziert sind,
- seine Prüfausrüstungen kalibriert sind,
- die Messunsicherheiten der Prüfausrüstungen und Prüfverfahren erfasst sind,
- das Prüflabor über ein Qualitätsmanagementsystem verfügt.

10.5.2   Bildverarbeitung

Schon seit langer Zeit ist der Versuch unternommen worden, die Anzeigenerkennung bei den Oberflächenprüfverfahren zu automatisieren und damit zu objektivieren. Aussichtsreiche Lösungen sind jedoch leider bis heute nur für die Prüfung von Massenteilen gleicher Geometrie und möglichst gleicher Ungänzenart entwickelt und dennoch bei der Eindringprüfung nur in wenigen Fällen eingesetzt worden.

Bereits 1987 wurde ein Videosystem zur Ermittlung des Einflusses der Prüfparameter und zur Bildauswertung bei der Magnetpulver- und Eindringprüfung vorgestellt. Das Bildverarbeitungssystem bestand aus einer Graubildkamera und einem Bildübertragungssystem, mit dem das Videosignal in einen Rechner gespeist wird. Die Bilder wurden dann mit einem Bildbearbeitungsprogramm bearbeitet, das unter Windows lief. Dabei registrierte ein Konturverfolgungsalgorithmus alle Anzeigen über einer vorgegebenen Leuchtdichteschwelle und ermittelte den Lichtstrom [10.12], [10.15].

1988 wurde die automatische Auswertung bei der Eindringprüfung von Flugzeugkomponenten in England und Amerika beschrieben [10.13]. Ausgehend von den Faktoren, die die Prüftätigkeit vor allem bei der Eindringprüfung von Massenteilen beeinflussen, wurde die wirtschaftliche Bedeutung der Automatisierung des Auswerteprozesses hervorgehoben. Die Auswertung erfolgte mit verbesserter Rechentechnik zunehmend digitalisiert. Die Entwicklungsarbeiten liefen bei ARDROX Ltd. bereits seit 1974 und führten ebenso wie bei GEC in den 80er Jahren zu Eindringprüfanlagen mit automatischer Auswertung der Anzeigen [10.13]. Dabei haben die Experimente gezeigt, dass bei Versuchen mit einem Umfang von 600 Triebwerksschaufeln die Fehler mit einer gleichen Verläßlichkeit gefunden werden, wie sie zwei erfahrene Prüfer erreichen. Die mit diesen Prototypen erzielten Ergebnisse zeigten die Tendenz überzureagieren und auch Teile mit Scheinanzeigen auszuwerfen. Mit der inzwischen wesentlich verbesserten Software und CCD-Kameras konnte diesbezüglich eine sichere Fehlererkennbarkeit erreicht werden [10.14].

Um solche Auswerteautomatik in den Prüfablauf einzuführen, sind folgende Voraussetzungen für die entsprechenden Investitionen erforderlich.

- ein qualitativ außerordentlich wertvolles Produkt,
- eine sehr hohe Stückzahl an zu prüfenden Teilen,
- entsprechende Zuführungs- und Abführungsvorrichtungen für die Teile,
- eine nicht zu große Anzahl der zu prüfenden Flächen am Bauteil,
- eine Überwachungssoft- und hardware für die Positionierung der unter verschiedenen Winkeln angeordneten Flächen,
- eine sehr saubere und nicht zu raue Oberfläche,
- entsprechend Zuführungs- und Recyclingsvorrichtungen für das Prüfmittel,
- eine automatische Auswerteeinheit mit Soft- und Hardware und einem kapazitiv ausreichendem Rechner.

Alle diese Faktoren beeinflussen die Wirtschaftlichkeit der Prüfanlage und insbesondere die Investitionskosten. Es wird deutlich, dass kleinere mittelständige Firmen solche Investitionen ohne eine entsprechende Auftragsgarantie vom Hersteller oder Auftraggeber der zu prüfenden Teile nicht durchführen können. Dazu sind diese unter den heutzutage relativ unsicheren wirtschaftlichen Rahmenbedingungen selten oder nicht bereit.

10.5.3   Fixierung am Prüfobjekt

Die Eindringanzeige kann relativ sicher fixiert werden, wenn ein dünner Lackfilm auf das Prüfstück im Bereich der Anzeigen aufgesprüht wird. Wird der zu fixierende Bereich vorher vorsichtig mit Tetrachlorwasserstoff ausgewaschen, so gelingt die Erhaltung der Anzeige für eine spätere Begutachtung umso besser.

Diese Methode wird heute in der Praxis kaum noch angewandt, weil eine sofortige Reparatur bzw. Weiterverarbeitung der fehlerhaften Prüfstücke geboten ist. Kann der Fehler ausgebessert werden, so müssen die Prüfstücke gleich zum Ausschleifen und/oder Reparaturschweißen. Darf der Fehler nicht repariert werden, so ist eine Fixierung der Anzeigen höchstens zur Klärung der Kostenfrage bzw. der Ursachenermittlung relevant.

10.5.4   Fotografische Aufnahme

Diese Methode wird in der Praxis am häufigsten angewendet, seit Polaroidkameras die Aufnahme von Sofortbildern gestatten und seitdem digitale Kameras eine Übertragung des Befundes auf den Computer ermöglichen. Der Vorteil der fotografischen Aufnahme besteht darin, dass mit relativ geringem Aufwand die Lage der Ungänzen und die Konturen der Prüfstücke aufgenommen werden können.

10.5.5 Abdruckverfahren

Das älteste bekanntgewordene Verfahren Eindringanzeigen dauerhaft zu erhalten, ist das Abdruckverfahren. Dabei wird mit Hilfe von saugfähigem Filterpapier die noch feuchte Anzeigenstelle abgedeckt und anschließend die Anzeige durch Andrücken mit der Hand oder einer Rolle die Anzeige auf das Papier gebracht. Zum Schutz der fixierten Anzeige empfiehlt sich das Besprühen der Anzeigenbereiche mit einem Klarsichtlack. Die Fehlererkennbarkeit ist im Allgemeinen gut, gelegentlich sogar besser als im Originalbild, weil bei dunkler Oberfläche wegen des geringeren Kontrastes feine Anzeigen leicht übersehen werden. Außerdem können durch die Saugwirkung des Papiers noch Eindringmittelpartikel aus den Spalten herausgezogen werden.

Etwas umständlicher ist das Abnehmen der Anzeigen mit einem Klebestreifen, wobei die bereits getrocknete Anzeige mit einem durchsichtigen Klebestreifen vom Prüfstück abgelöst und auf ein Blatt Papier aufgeklebt oder fotografiert wird.

Literatur

[10.1] AD-Merkblatt HP 5/3, ZfP, Verfahrenstechnische Mindestanforderungen für die zerstörungsfreien Prüfverfahren, Jan. 2002;
[10.2] ASME-Code, Sect. V, Art.. 6, 2002;
[10.3] KTA 3201.3, ZfP, Komponenten des Primärkreises von Leichtwasserreaktoren;
[10.4] DIN EN ISO 3452-2, ZfP, Eindringprüfung, Prüfung von Eindringmitteln, Nov. 2006;
[10.5] DIN EN ISO 5817, Schweißen- Schmelzschweißverbindungen an Stahl, Nickel, Titan und deren Legierungen (ohne Strahlschweißen)- Bewertungsgruppen von Unregelmäßigkeiten Okt. 2006;
[10.6] DIN EN 10204, Metall. Erzeugnisse - Arten von Prüfbescheinigungen, Jan. 2005;
[10.7] Deutsch, Morgner, Vogt, Magnetpulver-Rissprüfung, Castell-Verlag 2012;
[10.8] EG-Richtlinie zur Vereinheitlichung des Produkthaftpflichtrechtes (1985)
[10.9] Wagener, Produkthaftung aus rechtlicher Sicht, Seminar TÜV Saarland (2005);
[10.10] C. O. Bauer und V. Deutsch, Produkthaftung, VDI-Berichte, Nr. 852 (1991)
[10.11] Produkthaftungsgesetz (ProdHaftG) (01.01.1990);
[10.12] Stadthaus, Thomas, Zhang, Haeger, Weigelt, Eigenschaften und Anwendungen eines Videosystems beim Magnetpulver- und Eindringverfahren, DGZfP-Jahrestagung Lindau (1987);
[10.13] Brittain, Stewart, Automatisierte Eindringprüfung aus Gründen der Sicherheit und Wirtschaftlichkeit, DGZfP-Jahrestagung Siegen (1988);
[10.14] Deutsch, Organisation und Effektivität des Bertachtungsvorganges bei der Magnetpulver-Rissprüfung, DGZfP-Jahrestagung Siegen (1988);
[10.15] N.N., Ermittlung der Eignung von Prüfmitteln für die Eindring- und Magnetpulverprüfung nach dem europäischem Normwerk, DGZfP-Jahrestagung Berlin (2001);

Arbeits- und Umweltschutz

11

11.1 Anforderungen an die Arbeitsplätze

11.1.1 Gesetze und Verordnungen

Zur Einhaltung des Arbeits- und Umweltschutzes sind eine Reihe von Gesetzen, Verordnungen, Unfallverhütungsvorschriften und berufsgenossenschaftliche Richtlinien zu beachten, die auszugsweise in Tabelle 11.1 zusammengestellt worden sind.

Von den in Tabelle 11.1 aufgeführten Gesetzen und Verordnungen haben die Gefahrstoffverordnung (GetStVo) [11.1], das Bundesimmissionsschutzgesetz (BIMSCH) [11.2] und das Abwasserabgabengesetz (AbwAG) [11.3] wohl die größte Bedeutung. Während die Gefahrstoffverordnung vor Gefahren bei der Herstellung, dem Verkauf und der Anwendung von Chemikalien und somit u.a. z.B. von Eindringprüfmitteln schützen soll, werden im Immissionsschutzgesetz maximale Arbeitsplatzkonzentrationen, sogenannte MAK-Werte, für den Anwender von verdunstungsfähigen Flüssigkeiten geregelt. Dabei werden Grenzwerte für zulässige Schadstoffmengen und das Erfordernis ausreichender Be- und Entlüftung an den Arbeitsplätzen angegeben. Im Abwasserabgabengesetz werden Mindestanforderungen für Abwassereinleitungen in die Kanalisation, in Flüsse oder in das Erdreich festgelegt.

11.1.2 Schutzmaßnahmen

Sind Eindringprüfmittel gefährlich für den Prüfer? Diese Frage müssen sich sowohl Dienstleistungs- als auch Ausbildungsfirmen stellen, wollen sie nicht riskieren, dass Mitarbeiter oder Auszubildende gesundheitliche Schäden erhalten oder evtl. sogar in die Kategorie „berufskrank" eingestuft werden müssen. Diesbezüglich kann die Beantwortung der Frage auch nicht nur dem Hersteller von Prüfmittelsystemen überlassen werden, weil die von den Prüfaufträgen abgeleiteten Arbeitsbedingungen mitentscheidend sein können.

K. Schiebold, *Zerstörungsfreie Werkstoffprüfung – Eindringprüfung,*
DOI 10.1007/978-3-662-43809-1_11, © Springer-Verlag Berlin Heidelberg 2014

Tab. 11.1 Gesetze, Verordnungen und sonstige Vorschriften zum Arbeits- und Umweltschutz bei der Eindringprüfung

Vorschriftentyp	Bezeich- nung	Inhalt
Gesetze	ChemG	Chemikaliengesetz
		Gerätesicherheitsgesetz
	SprengG	Sprengstoffgesetz
	BimschG	Bundesimmissionsschutzgesetz
	AbwAG	Abwasserabgabengesetz
Verordnungen	GefStoffV	Gefahrstoffverordnung
	ArbStättV	Arbeitsstättenverordnung
	DruckbehV	Druckbehälterverordnung
	VbF	Verordnung über brennbare Flüssigkeiten
Technische Regeln	TRbF 100	Allgem. Sicherheitsanforderungen zur VbF
	TRGS 200	Kennzeichnung von gefährlichen Stoffen
	TRGS 614	Verwendungsbeschränkung v. AZO-Farbstoffen
	TRGS 900	Grenzwerte zur GefstoffV
Vorschriften	ÜVV	Unfallverhütungsvorschriften
	VBG 1	Allgemeine Vorschriften
Richtlinien	EX-RL	Explosionsschutz-Richtlinien
Merkblätter		Hautschutz
		Atemschutz
		Erste Hilfe bei gefährlichen chemischen Stoffen
		Augenschutz
DIN Normen	DIN 4844	Sicherheitskennzeichnung
	DIN 12924	Laboreinrichtungen, Abzüge
VDE-Bestimmung	VDE 0789	Unterrichtsräume und Laboratorien

In Abb. 11.1 sind Schutzmaßnahmen bei Arbeiten unter UV-Licht zusammengefasst [11.11].

Es ist klar, dass eine Eindringprüfung an kleinen Bauteilen mit geringer Stückzahl, bei der das Eindringmittel und der Entwickler mittels Pinsel oder aber auch mit Spraydosen aufgetragen werden und die Reinigung der Oberflächen mit Wasser erfolgt, vom Grundsatz her wesentlich weniger gefährlich erscheint, als Eindringprüfungen in automatischen

Risikoklasse	Persönliche Schutzmaßnahme	Technische Schutzmaßnahme
0	Es sind keine Schutzmaßnahmen notwendig. UV-Strahler dieser Risikoklassen sind aufgrund der für den Fehlernachweis erforderlichen Bestrahlungsstärke in der Regel für die Werkstoffprüfung nicht ausreichend.	
1		
2	Zugang nur für unterwiesenes Personal. Körperbedeckende Arbeitskleidung und Handschuhe (UV undurchlässig)	Positionieren des UV-Strahlers unterhalb der Augenhöhe, um einen direkten Blick in den Strahler zu verhindern.
3	Zugang nur für unterwiesenes Personal. Körperbedeckende Arbeitskleidung und Handschuhe (UV undurchlässig). Augenschutz durch UV-Schutzbrille.	Positionieren des UV-Strahlers unterhalb der Augenhöhe, um einen direkten Blick in den Strahler zu verhindern. Arbeitsplatz gegen unbefugtes Betreten sichern, z.B. durch Kennzeichen mit einem Warnzeichen. Bei der mobilen Prüfung genügt die Aufstellung des Warnzeichens in ca. 3 m Abstand zur Strahlenquelle.
4	Zugang nur für unterwiesenes Personal. Körperbedeckende Arbeitskleidung und Handschuhe (UV undurchlässig). Ein Vollgesichtsschutz (Visier) ist erforderlich.	Positionieren des UV-Strahlers unterhalb der Augenhöhe, um einen direkten Blick in den Strahler zu verhindern. Arbeitsplatz gegen unbefugtes Betreten sichern, z.B. durch Kennzeichen mit einem Warnzeichen. Bei der mobilen Prüfung genügt die Aufstellung des Warnzeichens in ca. 3 m Abstand zur Strahlenquelle.

Abb. 11.1 Schutzmaßnahmen bei Arbeiten unter UV-Licht [11.11]

Anlagen mit großem Durchsatz von Prüfteilen und Prüfoberflächen unter Einsatz von Lösemitteln. Dennoch kann auch bei großflächiger Anwendung der Eindringprüfung nicht von vornherein eine direkte Gefährdung unterstellt werden. Vielmehr müssen ausgehend von der Gefährdungsermittlung Schutzmaßnahmen an den Arbeitsplätzen und für die prüfenden Personen getroffen werden, um den Grad der Gefährdung so gering wie möglich zu halten.

In den Richtlinien für Laboratorien [11.4] wird zur Gefährdungsermittlung ausgeführt, dass bevor gefährliche Arbeiten durchgeführt werden, der Unternehmer die damit verbundenen Gefahren zu ermitteln, zu beurteilen und geeignete Maßnahmen zur Abwehr von Gefahren festzulegen hat. Dabei sind neben den eingesetzten Stoffen auch die Stoffe einzubeziehen, die bei normalem Reaktionsablauf entstehen oder bei unerwartetem Reaktionsablauf entstehen können. Entscheidend für den Unternehmer ist jedoch die Kenntnis von solchen Reaktionsabläufen oder besser die Kenntnis von den bestehenden Gefahren beim Umgang mit Prüfmittelsystemen während der einzelnen Verfahrensschritte. Eine entscheidende Hilfe dafür sind die Hinweise der Hersteller von Prüfmitteln, z.B. in den Sicherheitsdatenblättern.

11.1.2.1 Vorreinigung

Die Vorreinigung von Prüfteilen bei der manuellen Prüfung erfolgt in den meisten Fällen mit Lösemitteln, vorwiegend aus Spraydosen. Werden große Mengen in kleinen Zeiteinheiten aufgebracht, so können die Lösemitteldämpfe den Prüfer schon gesundheitlich beeinträchtigen, wenn nicht für ausreichende Frischluftzufuhr gesorgt wird. Dieses Problem stellt sich insbesondere beim Prüfen in relativ beengten Räumen. Der Umgang mit Gefahrstoffen (Gefahrstoffverordnung) schreibt für Arbeiten, bei denen Gase, Dämpfe oder Schwebstoffe in gefährlicher Konzentration oder Menge auftreten können, grundsätzlich Abzüge oder Umluft-Absaugungs-anlagen vor.

Bei der Dampfentfettung werden spezielle Lösemittel, wie Perchlorethylen, Trichlorethylen oder Frigen [11.5] verwendet, die zunächst zum Sieden gebracht werden und später auf den Prüfteilen kondensieren. Diese Vorgänge dürfen nur in geschlossenen Einrichtungen umgesetzt werden. Auch Entrostungs- oder Ent-lackungsmittel sind in großen Mengen gesundheitsgefährdend und müssen mit ausreichend Wasser von den Prüfstücken entfernt werden.

11.1.2.2 Eindringvorgang

Das Auftragen von Eindringmitteln lässt die Gesundheitsgefährdung mit zunehmender Mengenverarbeitung anwachsen. Besonders günstig für die Abhilfe solcher Gefährdungen sind dafür pressluftgesteuerte oder elektrostatische Sprüheinrichtungen, bei denen eine der Prüfaufgabe angepasste Dosierung zur besonders gleichmäßigen Beschichtung führt. Bekannt geworden sind dafür auch Pumpensprüher und PentAir-Pistolen [11.6] für manuellen Betrieb, die weitgehend ein nebelfreies Sprühen gewährleisten und somit das einstellbare Sprühbild der Prüffläche anpassen lassen.

Eine Schutzmaßnahme bezüglich der Gesundheitsgefährdung durch Aerosoldosen für die Eindringprüfung besteht in der Einführung von Mehrwegdosen [11.12]. Die Mehrwegdosen werden nach Gebrauch beim Kunden in Kartons gesammelt und nach Absprache abgeholt. Die leeren Dosen werden beim Hersteller auf Funktionsfähigkeit überprüft. Das Treibgas ist Druckluft, so dass keine Treibgase emittiert werden. Die Qualitätssicherung der Prüfmittel obliegt weiterhin dem Hersteller.

Eine besondere Gesundheitsgefährdung ergab sich bis vor relativ kurzer Zeit aus der Verwendung von Fluorchlorkohlenwasserstoffen (FCKW) als Treibmittel in den Spraydosen für Eindringmittelsysteme, denen man ein erhöhtes Krebsrisiko für den Menschen unterstellt und die zum Abbau der Ozonschicht beitragen [11.7]. Das Problem der Schutzmaßnahmen besteht darin, dass die alternativen Ersatzstoffe nicht die gleichen vorteilhaften Eigenschaften der FCKW-Stoffe aufweisen. Beispielsweise erhöht sich beim Einsatz von Propan-Butan-Gemischen die Brennbarkeit und damit die Verpuffungsgefahr. Auch Kohlendioxid löst dieses Problem nicht zufriedenstellend, weil das Sprühbild ungleichmäßig wird. Schließlich bleibt Pressluft eine Alternative, z.B. in der Zweikammerdose.

11.1.2.3 Zwischenreinigung

Zwischenreiniger auf der Basis von Lösemitteln oder Lösemittelsystemen, bei denen mehrere Lösemittel im Gemisch eingesetzt werden, sind hinsichtlich ihrer Arbeitsplatzkonzentration (MAK-Wert) einzustufen und zu überwachen. Am häufig-sten wird jedoch Wasser als Zwischenreiniger eingesetzt. Sowohl bei automatischen Anlagen, als auch bei manuellen Prüfplätzen werden verschiedene Filter zur Reinigung des Wassers im Kreislauf bzw. zur Abtrennung der Eindringmittelbestandteile eingesetzt.

Am bekanntesten sind wohl die Aktivkohle-Filter [11.8], die alle Eindringmittelbestandteile entfernen (Abb. 11.2). Spaltmittel-Filter tragen dazu bei, dass die meisten Bestandteile der Eindringmittel adsorbiert werden, so dass das Wasser im Kreislauf eine bestimmte Zeit verbleiben kann. Emulsionsspalt-Anlagen entfernen den Emulgator (Abb. 11.3). Trenn-Filter trennen auch feinste Bestandteile von nachemulgierbaren Eindringmitteln von dem Wasser, so dass auch beim Einsatz dieser Filter ein Wasserkreislauf zur Zwischenreinigung aufrechterhalten bleiben kann. Schließlich sei die Methode der Ultrafiltration [11.9] erwähnt, bei der alle Eindringmittelbestandteile, die größer als das Wassermolekül sind, von der Filtermembran zurückgehalten werden. Nachteilig ist, dass z.B. Farbstoffe im Wasser verbleiben und das auch bei mehreren Durchläufen durch die Ultrafiltrationsanlage der Anteil der abgetrennten Stoffe nur ca. 50% beträgt.

Abb. 11.2 Aktivkohle-Absorptionsanlage der Fa. FPW [11.14]

Abb. 11.3 Emulsionsspalt-Anlage der Fa. FPW [11.14]

11.1.2.4   Entwicklungsvorgang

Hierbei muß zwischen Trocken- und Nassentwickler unterschieden werden. Beim Trockenentwickler werden feinste synthetische Pulver im Filter der Absauganlagen abgefan-
gen oder beim Endreinigen mit dem Wasser abgespült.

Nassentwickler gibt es bekanntlich auf Wasser- und auf Lösemittelbasis. Nassentwickler auf Wasserbasis enthalten vielfach neben dem in Wasser aufgeschlämmten Entwick-
lerpulver auch organische Salze als wasserlösliche Komponente. Nassentwickler auf Lösemittelbasis verdunsten zunehmend nach dem Aufsprühen, so dass die Pulver ebenso wie
beim Trockenentwickler im Filter der Absauganlagen hängen bleiben.

11.1.2.5   Inspektion

Die Inspektionsbedingungen sind insbesondere hinsichtlich der UV-Licht Belastung des
Prüfers zu untersuchen. Die im Handel üblichen UV-Strahler, wie z.B. Metallhalogen-
Lampen, besitzen zusätzliche Filter zur Ausblendung der gefährlichen Ultraviolettstrah-
lung im Wellenlängenbereich unterhalb von 320 nm (UV-B- und UV-C-Strahlung). Abb.
11.4 zeigt ein Leuchtenspektrum mit Kantenfilter im Zusammenhang mit relativ spektra-
len photobiologischen Wirkungsfunktionen.

Daraus ist zu erkennen, dass bei sachgemäßer Behandlung keine Gefahren beim Einsatz von UV-Leuchten ausgehen, wenn man von gelegentlich auftretender UV-Sensibilität
in Verbindung mit Medikamenten oder bestimmten Stoffen absieht. Auf jeden Fall aber gehört zur sachgemäßen Anwendung, dass nicht direkt in die UV-Lampe gesehen wird, d.h.
dass die Unterkante des Leuchtengehäuses sich stets unterhalb der Augenhöhe befindet.
Außerdem sollten Betrachtungs- und Bestrahlungsrichtung parallel gehalten werden.

11.1.3   Verantwortung des Anwenders

Die gültigen Gesetze und Verordnungen schreiben vor, dass der Unternehmer oder Anwender von Gefahrstoffen gefährliche Arbeiten nur Fachleuten oder unterwiesenen Personen übertragen darf, denen die damit verbundenen Gefahren und Schutzmaßnahmen bekannt sind. Als Fachleute gelten dabei Personen, die aufgrund ihrer fachlichen Ausbildung,
Kenntnisse und Erfahrungen sowie Kenntnis der einschlägigen Bestimmungen die ihnen
übertragenen Arbeiten beurteilen und mögliche Gefahren erkennen können. Als unterwie-
sene Personen gelten Prüfer, die über die ihnen übertragenen Aufgaben und die möglichen
Gefahren bei unsachgemäßem Verhalten unterrichtet und über die notwendigen Schutzmaßnahmen belehrt wurde. Zu den diesbezüglichen Schutzmaßnahmen gehören das Tragen von Sicherheitskleidung zum Schutz der Körperteile vor Lösungsmitteln und anderen
Chemikalien und die Anwendung von Körperschutzmitteln. Speziell werden dazu Kör-
perschutz (Arbeitsanzüge), Hand- und Fußschutz (Handschuhe, Handcreme, Sicherheits-
schuhe) sowie Gesichtsschutzmaßnahmen (Brille) erforderlich.

Eine Schutzmaßnahme, die als solche von vornherein gar nicht definiert wird, stellt der
Einsatz eines Prozessrechners zur Umsetzung und Überwachung sämtlicher Steuer- und

Abb. 11.4 Leuchtenspektrum mit Kantenfilter einer UV-Lampe [11.11]

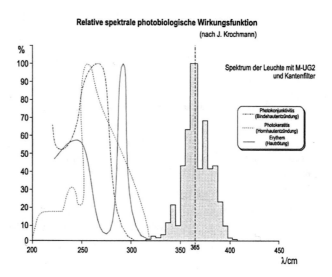

Kontrollfunktionen von automatischen Prüfanlagen dar, weil eine derartige Einrichtung nicht nur alle wichtigen Verfahrensschritte festlegt und auf andere Prozessparameter anpasst, sondern weil sie einen optimalen Verbrauch an Prüfmitteln gestattet und damit wesentlich zur Reduzierung der Umweltbelastung beiträgt. Im gleichen Sinne tragen Kreisläufe für die eingesetzten Wassermengen, die zunehmend während der Prüfprozesse mit Eindringmitteln oder Entwicklersubstanzen belastet werden bei. Auch bei vorwiegend manuellen Prüftätigkeiten sind die Arbeitsplätze regelmäßig auf Einhaltung der einzelnen Vorschriften zu kontrollieren.

11.2 Anforderungen an die Prüfmittel

11.2.1 Allgemeine technische Angaben

Vom Hersteller der Prüfmittel erhält der Anwender neben den Angaben zur Benennnung des Produktes, der Chargen-Nr., des Verfallsdatums sowie der gelieferten Menge eine allgemeine technische Beschreibung mit Hinweisen zur Handhabung des Prüfmittels im Verfahrensablauf, zur Lagerfähigkeit und hinsichtlich der Gefährdung, die bei der Anwendung auftreten kann. Einen besonderen Aspekt bezüglich der Angaben gesundheitsgefährdender Eigenschaften von Farbeindringmitteln stellen die sogenannten AZO-Farbstoffe dar [11.10]. AZO-Farbstoff-Lieferanten geben beim Vertrieb ihrer Produkte den Hinweis an die Verbraucher weiter, daß bei AZO-Farbstoffen der Verdacht besteht, daß im Körper die AZO-Gruppen enzymatisch gespalten werden können. Dabei könnte O-Tolouidin entstehen, das im Tierversuch kanzerogen wirkt. Deshalb darf das Produkt nicht verschluckt werden und jeglicher Hautkontakt ist zu vermeiden. Durch die Einführung der TRGS 614 als Technische Regel zur Gefahrstoffverordnung wird eine Verwendungsbeschränkung von AZO-Farbstoffen propagiert, die die Hersteller von Farbeindringmitteln zwingt, solche Farbstoffe möglichst zu umgehen.

11.2.2 Sicherheitsdatenblätter

Sicherheitsdatenblätter sind vom Hersteller der Eindringmittelsysteme ausgefüllt der Lieferung beizufügen. Aus diesen Datenblättern erhält der Anwender Hinweise über chemische und physikalische Eigenschaften der Prüfmittel sowie sicherheitstechnische Angaben zu den Eigenschaften, zum Transport, zur Lagerung, zur Handhabung und zur Entsorgung. Darüber hinaus werden erforderliche Maßnahmen zum Personen- und zum Umweltschutz mitgeteilt. Abb. 11.5 zeigt das Sicherheitsdatenblatt für ein Eindringprüfmittel der Fa. Karl Deutsch.

11.2.3 Lagerung

Die wichtigsten Hinweise zur Lagerung von Eindringmittelsystemen werden vom Hersteller gegeben. Neben Angaben zu den Lagerungsbedingungen, wie z.B. kühl und trocken lagern, Behälter vor Sonneneinstrahlung schützen, werden auch Angaben zur Lagerungsdauer bzw. zum Verfallsdatum auf den Prüfmitteln vermerkt. In manchen Fällen werden der Lagertemperaturbereich und besondere Bedingungen beim Lagern vorgeschrieben, z.B. in gut belüfteten Bereichen und nicht in der Nähe von Säuren und Laugen sowie von Wärme- und Zündquellen lagern, Lagervorschrift gemäß TRG 300 beachten. In wenigen Fällen wird auch eine Mengenbegrenzung für Aerosol-Spraydosen vorgeschrieben.

Zur Aufbewahrungszeit bzw. zur möglichen Benutzungsdauer von Eindringprüfmitteln ist auch zu beachten, dass Gebinde oder Eindringmittel in großen Behältern ein kürzeres Verfallsdatum aufweisen als Prüfmittel in Spraydosen.

11.2.4 Entsorgung

Das Problem der Entsorgung im Zusammenhang mit der Eindringmittelprüfung ergibt sich infolge der großen Durchsatzmengen insbesondere bei automatischen Prüfanlagen. Dazu gehören einerseits eine sorgfältige technische Aufbereitung des Abwassers, z.B. mittels Aktivkohlefilter, Ultrafiltration, Spaltmethoden oder Trennfilter, andererseits die Deklaration der zu entsorgenden Prüfmittelsysteme als Sondermüll und ihre Entsorgung durch Spezialfirmen. Generell sind verbrauchte Eindringmittelsysteme jedoch auch bei manuellen Prüfungen ordnungsgemäß zu entsorgen.

Eindringmittel und Entwickler sind zumeist mit dem Wasser zu entsorgen. Hierfür gilt das Abwasserabgabengesetz. Um die einzelnen gesetzlichen Vorschriften nicht selbst

Sicherheitsdatenblatt   (91/155/EWG)

FLUXA® UNTERGRUNDFARBE, WEISS
Art.-Nr. 9015.1, Aerosoldose

Gültig ab: 01.05.1996   Version: 001
Ersetzt Fassung vom: Seite: 1 von 3

---

1.   Stoff/Zubereitungs- und Firmenbezeichnung
Handelsname: FLUXA UNTERGRUNDFARBE, WEISS; Art.-Nr. 9015.1
Hersteller: KARL DEUTSCH Prüf- und Messgerätebau GmbH & Co. KG;
                  D-42115 Wuppertal
                  Otto-Hausmann-Ring 101; Telefon: 0202 / 7192-0
Notfallauskunft: Telefon: 0202 / 7192-145

---

2.   Zusammensetzung/Angaben zu Bestandteilen
        Chemische Charakterisierung:
        Acrylharzlack in Druckgaspackung; Treibgas: Propan/Butan

---

3.   Mögliche Gefahren
ACHTUNG! Behälter steht unter Druck. Vor Sonnenbestrahlung und Temperaturen
über 50 °C schützen. Auch nach Gebrauch nicht gewaltsam öffnen oder verbrennen.
Nicht gegen Flammen oder auf glühenden Gegenstand sprühen. Von Zündquellen
fernhalten - nicht rauchen. Darf nicht in die Hände von Kindern gelangen. Nur entleert in die
Wertstoffsammlung geben. Aerosol nicht einatmen.
        Gefahrenbezeichnung:
                R 12: Hochentzündlich

---

4.   Erste-Hilfe-Maßnahmen
        Mit Produkt verunreinigte Kleidungsstücke unverzüglich entfernen.
        nach Einatmen: Frischluftzufuhr, bei Beschwerden Arzt aufsuchen
        nach Hautkontakt: mit Wasser und Seife abwaschen bei andauernder
        Hautreizung Arzt aufsuchen.
        nach Augenkontakt: Augen mehrere Minuten bei geöffnetem Lidspalt unter
        fließendem Wasser spülen. Bei anhaltenden Beschwerden Arzt konsultieren.
        Nach Verschlucken: Kein Erbrechen herbeiführen, sofort Arzthilfe zuziehen

---

5.   Maßnahmen zur Brandbekämpfung
        gefährdete Behälter mit Wasser kühlen
Geeignete Löschmittel: CO_2, Schaum, Trockenlöschmittel, trockener Sand
Ungeeignete Löschmittel: Wasser im Vollstrahl
Besondere Gefährdung durch den Stoff, seine Verbrennungsprodukte oder entstehende
Gase: Bei Brand entsteht dichter, schwarzer Rauch. Das Einatmen gefährlicher
Zersetzungsprodukte kann ernste Gesundheitsschäden verursachen.
Besondere Schutzausrüstung: Atemschutzgerät

Abb. 11.5 Sicherheitsdatenblatt für ein Eindringprüfmittel der Fa. Karl Deutsch

bearbeiten zu müssen, empfiehlt es sich, Spezialfirmen zur Entsorgung zu beauftragen. Zunehmend werden die Hersteller der Prüfmittel von den Anwendern daraufhin angesprochen, die gelieferten Prüfmittelbehälter mit oder ohne Prüfmittelreste nach Verbrauch zurückzunehmen und zu entsorgen. Diese Verfahrensweise entspricht der Verpackungsmittelverordnung in der Konsumgüterindustrie.

Die Hersteller von Eindringmittelsystemen haben sich eine Zeit lang mit der Erklärung Vorteile verschafft, dass die Eindringmittel biologisch abbaubar seien. Eine solche Angabe ist jedoch ohne Angabe der entsprechenden Zeit und des Wirkungsgrades nicht eindeutig, da man sonst annehmen müsste, dass das Produkt bedenkenlos in die Kanalisation geleitet werden kann, was nicht richtig ist. Grundsätzlich muss verhindert werden, daß Eindringmittelsysteme, Lösemittel oder Emulgatoren ungehindert in das Erdreich sickern und somit in das Grundwasser gelangen können. Abb. 11.6 zeigt den Kreislauf von der Erzeugung bis zum Recycling der Eindringmittelprüfsysteme [11.13].

Abb. 11.6 Kreislauf von der Erzeugung bis zum Recycling der Eindringmittel Prüfsysteme [11.13]

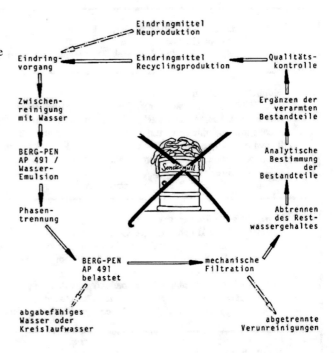

Literatur

[11.1] FORUM VERLAG HERKERT GMBH, Abt. Kundenservice, Mandichostraße 18, 86504 Merching;

[11.2] Jarass, Bundes-Immissionsschutzgesetz. Kommentar unter Berücksichtigung der Bundes-Immissionsschutzverordnungen, der TA Luft sowie der TA Lärm, 9. Auflage 2012, Verlag C.H. Beck, ISBN 978-3-406-63097-2;

[11.3] Köhler, Meyer, Abwasserabgabengesetz. Kommentar. = AbwAG. 2., vollständig überarbeitete Auflage. C.H. Beck, München 2006, ISBN 3-406-53641-7;

[11.4] Laborrichtlinien BGI/GUV-I 850-0: „Sicheres Arbeiten in Laboratorien – Grundlagen und Handlungshilfen", (BGI/GUV-I 850-0 e);

[11.5] Beyer, Walter, Fluorierte Kohlenwasserstoffe, Lehrbuch der organischen Chemie S. Hirzel Verlag Stuttgart 1991;

[11.6] Schiebold, Skript PT3 LVQ-WP Werkstoffprüfung GmbH;

[11.7] Schurath: Fluorkohlenwasserstoffe – ein Umweltrisiko?, in: Chemie in unserer Zeit, 11. Jahrg. 1977, Nr. 6, S. 181–189, ISSN 0009-2851;

[11.8] R.C.Bauer and V.L.Snoeyink; Reactions of Chloramine with Actice Carbon; In: Journ. WPCF 45 (1973), S. 2290;

[11.9] Munir Cheryan: Handbuch Ultrafiltration. B. Behr's Verlag GmbH&Co, 1990, ISBN 3-925673-87-3;

[11.10] Slowicki, Käfferlein, Brüning: Hautgängigkeit von Azofarbmitteln. Teil 1: Eigenschaften, Aufnahme über die Haut und Metabolismus. Gefahrstoffe Reinhaltung der Luft 69(6), S. 263 – 268 (2009), ISSN 0949-8036;

[11.11] Deutsch, Morgner, Vogt, Magnetpulver-Rissprüfung, Castell-Verlag 2012;

[11.12] Köppel, Neue Technik-Mehrwegaerosoldosen für die Oberflächenrissprüfung, DGZfP-Jahrestagung Luzern (1991);

[11.13] Köppel, Berg, Sicherheit und Wirtschaftlichkeit durch Recycling von Eindringmitteln, DGZfP-Jahrestagung Siegen (1988);

[11.14] Produktinformation der Fa. FPW;

[11.15] Berg, H. W., Automation bei der Eindringprüfung, DGZfP-Jahrestagung Lindau (1987)

Sachverzeichnis

K. Schiebold, *Zerstörungsfreie Werkstoffprüfung – Eindringprüfung,*
DOI 10.1007/978-3-662-43809-1, © Springer-Verlag Berlin Heidelberg 2014

Printed in the United States
By Bookmasters